中核智库

世界微小型核动力应用图像研究

张 明 汪顺覃 孙小凯 金涛涛 著

中国原子能出版社

图书在版编目（CIP）数据

世界微小型核动力应用图像研究 / 张明等著. 北京 : 中国原子能出版社, 2024. 9. -- ISBN 978-7-5221-3623-3

Ⅰ. TL99

中国国家版本馆 CIP 数据核字第 20247FB849 号

内 容 简 介

微小型反应堆在核能界称为“行业游戏规则的潜在改变者”，是当前核大国技术竞争的核心关键领域，是打造核领域新质生产力的重要支撑力量，是抢占核科技制高点、推动国防科技工业发展的必须选项。本书梳理各类型微小堆的工作原理，调研美俄微小堆的组织管理体系及型号技术方案，分析其潜在应用图景，希望为高层决策提供参考。

世界微小型核动力应用图像研究

出版发行 中国原子能出版社（北京市海淀区阜成路 43 号 100048）
责任编辑 韩 霞
装帧设计 侯怡璇
责任校对 刘 铭
责任印制 赵 明
印 刷 北京厚诚则铭印刷科技有限公司
经 销 全国新华书店
开 本 787 mm×1092 mm 1/16
印 张 6.5
字 数 100 千字
版 次 2024 年 9 月第 1 版 2024 年 9 月第 1 次印刷
书 号 ISBN 978-7-5221-3623-3 **定 价** **42.00 元**

前　言

根据国际原子能机构的口径，具有“电功率小于 300 兆瓦、先进安全特征、选址和应用灵活、面向小规模能源市场”特征的反应堆定义为小型反应堆，其中将电功率小于 10 兆瓦或者具有特种用途的反应堆定义为微型反应堆。核动力一般包括核热源、核电源、核推进等。

大半个世纪以来，人类对微小堆核动力技术研发与应用在“海、陆、空、天”均有较大进展，但距离当前的战略安全与能源市场需求仍有距离，面临着一些技术难题与经济性挑战。

本书梳理各类型微小堆的工作原理，调研美俄微小堆核动力的组织管理体系及型号技术方案，分析技术开发面临的挑战，综合国际发展历史与动向，凝练了潜在的 17 种应用图像，以期为决策提供参考。

编写组专业水平有限，错误在所难免，敬请读者批评指正。

目　录

第一章　反应堆物理

1.1　中子及其能量划分

中子是核反应堆的关键，一方面核反应堆内不断通过裂变反应产生大量中子，另一方面各种不同反应和泄漏又消耗大量中子。核反应堆内的主要核过程是中子与核反应堆内各种核素相互作用的过程。

中子是组成原子核的核子之一，它不带电荷，它的静止质量稍大于质子的静止质量。因其不带电，在靠近原子核时不受核内正电的斥力，很容易进入原子核内部并诱发原子核反应。中子是维持核反应堆稳定运行的关键因素，是核反应堆的“灵魂”。

中子的静止质量 $m = 1.674\ 954\ 3 \times 10^{2}$ kg $= 1.008\ 665\ 0$ u（原子质量单位），工程计算中通常取 m 约等于 1 u。

中子在原子核外自由存在时是不稳定的，它通过 β 衰变为质子，其半衰期约为 10 min。在核反应堆中，瞬发中子的平均寿命比自由中子的半衰期短很多，即使在中子平均寿命较长的热堆中也仅为 $1 \times 10^{4} \sim 1 \times 10^{3}$ s，因此可以不考虑自由中子的衰变问题。

中子具有粒子性和波动性。它与原子核的相互作用过程有时表现为两个粒子的碰撞，有时表现为中子波与核的相互作用。中子的波长 λ（单位为 m）可表示如下：

$$\lambda = \frac{2.86 \times 10^{-11}}{\sqrt{E}} \tag{1.1}$$

式中，E 为中子能量，单位 eV。

由式（1.1）可知，中子的波长随着能量增加而变短。在核反应堆内的中子能量范围内，中子的波长比起中子平均自由程或宏观尺寸要小多个数量级。因此，在反应堆中子学范畴内讨论中子的运动时，把它看成一个粒子来描述是适当的。

核反应堆内的中子由核裂变反应产生，之后随着与堆内各种物质发生相互作用而降低能量，直至被吸收或泄漏出堆芯。因此，堆内中子的能量在热中子能量到数十兆电子伏范围内连续分布。中子的能量不同，它与原子能相互作用的方式和概率也不同。在反应堆物理分析中通常按照能量把中子划分为：① 快中子（0.1 MeV 以上）；② 超热中子（1 eV～0.1 MeV）；③ 热中子（1 eV 以下）。

1.2　中子与原子核作用

核反应堆内存在大量的中子，这些中子与堆芯内的各种材料的原子核发生多种核反应，实现核反应堆的可控运作。例如，中子与燃料原子核发生裂变反应，实现链式裂变反应，这是核反应堆裂变能量的来源；中子被燃料中的 ^{238}U 等可转换核吸收发生俘获反应，这是燃料转换增殖的关键反应；裂变释放的快中子与慢化剂原子核发生散射反应，不断降低能量，这是核反应堆中中子能量慢化的机制；中子被硼等吸收控制体的原子核吸收，这是实现核反应堆控制的原理。要了解核反应堆运转的原理，首先应了解中子与原子核相互作用的基本知识。

1.2.1　中子与原子核相互作用机理

原子核反应的理论研究表明中子与原子核的相互作用过程有三种：势散射、直接相互作用、形成复合核。

势散射是最简单的核反应，它是中子波和核表面势相互作用的结果，此情况下中子并未进入靶核。任何能量的中子都可能引起该反应。此种相互作用的特点如下：散射前后靶核的内能没有变化，中子把它的一部分或全部动能传给靶核，成为靶核动能，势散射前后中子与靶核系统的动能和动量守恒。势散射是一种弹性散射。

直接相互作用是指入射中子直接与靶核内的某个核子碰撞，使其从核内发射出来，而中子却留在核内。例如，如果从靶核内发射出来的是质子，即为直接相互作用（n,p）反应。入射中子要具有较高的能量才能发生此种反应，在反应堆内具有如此高能量的中子数量是很少的，因此在反应堆物理分析中，这种直接相互作用方式并不重要。

形成复合核是中子与原子核最重要的相互作用方式。在该反应过程中，入射中子被靶核吸收，成为一个新的复合核。中子和靶核系统在质心系中的总动能以及中子的结合能都转化为复合核的内能，使复合核处于激发态。处于激发态的复合核不稳定，会在极短的时间内发生衰变或分解放出新粒子，并形成一个余核或反冲核。复合核衰变或分解有多种方式：若放出一个质子而衰变，称为（n,p）反应；若放出α粒子而衰变，称为（n,α）反应；若放出的是中子，则称为弹性或非弹性散射反应；若放出γ光子，则称为辐射俘获反应，简称（n,γ）反应。复合核也可通过分裂成两个较轻的中等质量原子核而衰变，该过程称为核裂变，简称（n,f）反应。

1.2.2　中子的散射

散射是使中子慢化的主要核反应过程，它有弹性散射和非弹性散射两种。

（1）弹性散射

中子与靶核作用后，中子重新出射且靶核内能不变，仍保持在基态，这种反应称为弹性散射。弹性散射还可以分为势散射和共振弹性散射。弹性散射反应前后中子-靶核系统的动能和动量都是守恒的，可以把该过程看成是“弹性球”式的碰撞。热中子反应堆内中子的慢化主要靠中子与慢化剂原子核之间的弹性散射反应实现。

（2）非弹性散射

中子与靶核作用后，靶核放出一个中子，但作用后的靶核内能也发生了改变，靶核处于激发态，然后通过发射 γ 射线返回基态。因此，散射前后中子-靶核系统的动量守恒，但动能不守恒。只有入射中子能量高于靶核第一激发态能量时，才有可能使靶核激发。因此，非弹性散射的发生具有阈值，只有在快中子反应堆中，非弹性散射过程才是最重要的。但由于裂变产生的中子能量较高，热中子反应堆中高能区仍会发生一些非弹性散射现象。当中子能量降低到非弹性散射阈值以下时，便主要依靠弹性散射来慢化中子。

1.2.3　中子的吸收

因中子吸收反应的结果是中子消失，这对反应堆内的中子平衡有重要影响。中子吸收反应主要包括（n,γ）、（n,f）、（n,p）和（n,α）四种反应。

（1）（n,γ）反应

（n,γ）反应即辐射俘获反应，是最常见的吸收反应。该反应的生成核是靶核的同位素，往往具有放射性。辐射俘获反应可以在中子的所有能区发生，但低能中子与中等质量或重核作用时易发生此种反应。

（2）（n,f）反应

（n,f）反应即核裂变反应，这是核反应堆内最为重要的核反应。同位素 ^{233}U、^{235}U、^{239}Pu 和 ^{240}Pu 等易裂变材料在任意能量的中子作用下都能发生该反应，而同位素 ^{232}Th、^{238}U 和 ^{240}Pu 等可转换材料只有在入射中子能量高于某一阈值时才能发生裂变反应。目前，热中子反应堆中最常用的核燃料是 ^{235}U，而快中子反应堆中一般优先采用 ^{239}Pu 作为燃料。

（3）（n,p）和（n,α）反应

（n,p）和（n,α）反应均为放出带电粒子的反应。（n,p）反应会释放质子，例如，水堆中一回路水放射性的主要来源为 ^{1}O 发生（n,p）反应产生 N。N 又发生（n,α）反应释放 α 粒子，例如，常用的 B_4C 吸收体材料就是利用 ^{10}B 吸收中子发生（n,α）反应，所以 B 广泛地应用在反应堆中，作为反应性控制材料。

1.2.4　核反应堆内中子与物质的作用

核反应堆布置有核燃料、冷却剂、慢化剂、结构材料和吸收体等材料，中子与这些材料的原子核不断发生各种相互作用，并且实现自持链式裂变反应。中子与原子核发生反应的类型不仅与靶核元素组成有关，而且与入射中子的能量有关。例如，在热中子反应堆内，中子的能量在热中子能量到数十兆电子伏范围内（但实际 10 MeV 以上能量的中子数较少），堆内所采用的材料及裂变产物的原子核的质量数 A 分布在 1 到 242 的范围内。

中子根据能量可分为热中子、超热中子和快中子；原子核按照质量数的大小可分为轻核（$A<30$）、中等核（$30<A<90$）和重核（$A>90$）。不同能量范围内的中子分别与轻核、中等核、重核可能发生的核反应见表 1.1 所示。

表 1.1　中子与各种质量数的核发生核反应

原子核类型	热中子	超热中子	快中子
轻核	(n,n)	(n,n) (n,p)	(n,n) (n,p) (n,α)
中等核	(n,n) (n,γ)	(n,n) (n,γ)	(n,n) (n,n′) (n,p) (n,α)①

续表

原子核类型	热中子	超热中子	快中子
重核	(n,γ) (n,n)① (n,f)	(n,n) (n,γ)① (n,f)	(n,n) (n,n′) (n,p) (n,γ) (n,f)

注：① 表示有共振。

1.3 链式裂变反应

核裂变反应是核反应堆中最为重要的中子与核相互作用的过程。核反应堆之所以能够稳定地运行，并持续不断地释放巨大的裂变能量，关键之处在于实现了自持的链式裂变反应。核反应堆的一个关键问题，是如何实现定量描述链式裂变反应的自持状态，即临界条件。

1.3.1 原子核裂变

一般来说，核裂变反应的产物包括 2 个或多个中等质量的原子核（也称为裂变碎片）、2 个或多个新的裂变中子以及大量能量（对于 ^{235}U，每次裂变产生的能量约为 200 MeV）。裂变碎片是燃料衰变热的主要来源，裂变中子是维持链式裂变反应的关键，而所释放的裂变能则是核能利用的能量来源。

核裂变反应的重要性在于，在核裂变过程中，有大量的能量释放，同时释放中子。这就有可能在适当的条件下使这一反应过程自动持续下去，而人们能够不断地利用核反应过程中释放的能量和中子。

1.3.2 自持链式裂变反应

裂变所产生的中子有可能会引发下一个裂变核素的裂变，如果裂变能够持续下去，就会形成一个像链条一样的连续反应，称为链式裂变反应。如果不依靠外界补充中子，裂变反应就能继续自持地进行下去，这样的核反应称为自持链式裂变反应。

一般而言，裂变核每次裂变可平均放出 2 个以上的中子，那么就有可能保持至少 1 个中子去引起下一个核的裂变，这样就有可能维持链式裂变反应持续发生。但核反应堆中不仅有裂变核素，还含有大量其他材料，如结构材料、冷却剂、控制体等，这些材料会吸收一部分中子。另外，反应堆大小是有限的，有一定量的中子会从反应堆中泄漏出去。因此，核反应堆能否实现自持链式裂变反应，取决于实际的中子产生率与中子消失率之间的平衡关系，其中中子的消失包括吸收和泄漏两个部分。如果在该过程中，中子的产生率大于或等于中子的消失率，则自持链式裂变反应就可以一直进行下去。

自持链式裂变反应包括临界状态和超临界状态。稳定功率运行情况下，反应堆处于临界状态，堆内发生稳定持续的自持链式裂变反应，并源源不断地释放裂变核能。

实现自持链式裂变反应是十分困难的。天然铀主要由 ^{235}U（丰度为 0.7%）和 ^{238}U（丰度为 99.3%）两种同位素组成。其中，^{235}U 用任何能量的中子进行轰击都可能发生裂变反应；而 ^{238}U 只有当中子能量大于 1.3 MeV 时，才能发生裂变反应（裂变截面大于 0.1 b，$1\ b = 10^{28}\ m^2$）。在天然铀中，^{235}U 的高裂变截面补偿了它的低丰度，当中子能量低于 0.1 eV 时，其裂变概率大于俘获反应的概率。

1.3.3 临界条件

从前面的讨论可以看出，实现自持链式裂变反应的条件如下：当一个裂变核吸收一个中子产生裂变后，新产生的中子中，平均至少应该再有一个中子去引起另一个核的裂变。由于裂变反应每次平均放出两个以上的裂变中子，因此实现自持链式裂变反应是有可能的。核反应堆自持链式裂变反应的条件可以很方便地用有效增殖因数来表示。

为定量分析，我们把一个系统新生一代的中子数与产生它们的直属上一代中子数之比定义为有效增殖因数，用 k_{eff} 表示，即

$$k_{\text{eff}}=\frac{\text{新生一代中子数}}{\text{直属上一代中子数}} \tag{1.2}$$

式（1.2）的定义是直观地从中子循环角度出发的。然而，式（1.2）在实际应用中不太方便，因为在实际问题中很难确定中子每“代”的起始和终了时间。例如，在堆芯中有的中子从裂变产生后立即就引起新的裂变，有的中子则需要经过慢化过程成为热中子之后才引起裂变，还有的中子在慢化过程中便泄漏出系统或者被吸收发生辐射俘获反应。

所以，在实际应用中，也可以从中子平衡关系的角度定义有效增殖因数，即

$$k_{\text{eff}}=\frac{\text{中子产生率}}{\text{中子消失率（吸收率+泄漏率）}} \tag{1.3}$$

如果系统内的中子产生率恰好等于消失率，则链式裂变反应处于稳定状态，有效增殖因数等于 1，称为临界状态。这时，在系统内已经发生的链式裂变反应将以恒定的速率不断进行下去，也就是说，链式裂变反应过程处于稳定状态。这种系统称为临界系统。

如果中子产生率小于消失率，则有效增殖因数小于 1，裂变反应持续减少，称为次临界状态。这时系统内中子数目将随时间不断衰减，链式裂变反应也不是不断衰减，是非自持的。这种系统称为次临界系统。

如果中子产生率大于消失率，则有效增殖因数大于 1，裂变反应持续增加，称为超临界状态。这时系统内中子数目将随时间不断增加，链式裂变反应也不断增加，这种系统称为超临界系统。

显而易见，有效增殖因数与系统的材料成分构成（如燃料富集度等）有关。同时，它还与系统中中子的泄漏程度或者反应堆的大小有关。使核反应堆有效增殖因数等于 1，即反应堆恰好处于临界状态时，堆芯的大小称为临界大小，在临界情况下所装载的燃料数量称为临界质量。

1.4　反应堆分类

反应堆可以从多种维度分类。根据冷却剂，可分为气体冷却（空气、CO_2、He、水蒸气等）、液体冷却（水、重水、有机溶液等）、液态金属（钠、钠钾合金、铅、铅铋合金等）；根据中子能量，可分为由热中子引起裂变反应的热中子堆、由快中子引起裂变反应的快中子堆等。热中子堆、快中子堆优势、劣势分别如下。

1.4.1　热中子堆

热中子堆的主要优点是：

（1）由于热中子引起裂变的概率特别大，使用天然铀为燃料（最小临界质量约为 2 200 kg）；

（2）如果使用富集铀为燃料，临界质量相当小（在纯 ^{235}U 的情况下，最小临界质量只有 580 g）；

（3）较易控制，比较安全可靠；

（4）设计的自由度较大，对慢化剂、冷却剂以及核燃料的选择余地都比较大，技术难关较少。

热中子堆的主要缺点是：

（1）一般不能增殖；

（2）主要利用核燃料中的易裂变组分 ^{235}U，并且由于慢化剂和其他材料对热中子的伴生吸收显著，使得燃料转换比及 ^{238}U 的利用率很低。

1.4.2 快中子堆

快中子堆的主要优点是：

（1）没有慢化剂对中子的伴生吸收，冷却剂、结构材料和裂变产物对快中子的吸收也非常小，使得中子损失少；

（2）能增殖裂变燃料；

（3）能比热中子堆更有效地利用从热中子堆中产生的工业钚；

（4）能有效地把高放射性废物中的长寿命锕系核素和裂变产物裂变或嬗变成为短寿命核素。

快中子堆的主要缺点是：

（1）必须使用高富集铀或钚作为裂变燃料；

（2）临界质量大，所以初装料量大；

（3）堆芯体积小，热流密度高，需克服较大的传热困难；

（4）冷却剂采用不会使中子慢化的液态钠，它的化学性质活泼，感生放射性强，使得系统和设备复杂，增加了技术难度，铅冷或氦冷快堆有良好的发展前景，但有待开发；

（5）控制问题比较复杂。

1.5 热电转换方式

热电转换的方式有 3 类：直接（静态）发电、热机（动态）发电和电磁转换发电（磁流体）。直接发电是不通过其他形式的能量中介，直接将初始能量转换为电能。直接转换有温差电、热离子、燃料电池等方式。燃料电池尚属新技术，本小节不涉及。热机转换一般是，先通过某种循环将初始能量转换为机械能，然后通过发电机将机械能转换为电能。热机发电有布雷顿循环、朗肯循环、斯特林循环等方式。电磁转换目前主要指的是磁流体热电能量转换。由于尚属于新技术，磁流体发电技术目前仍处于基础研究阶段，并已经开始向工程研究阶段转化，目前尚未见到有关磁流体发电机工程化研制的报道。

1.5.1　温差发电

热电（温差电）效应是日常生活中常见的物理现象，此效应已广泛地应用于温差和电压测量、冰箱和发电机等领域。温差发电属于直接转换的方式，发电效率低，在早期的发电系统中有较多的应用，研究也较为透彻，目前发电系统已较少使用此发电方式。

温差发电是世界范围内最早研究的空间核反应堆热电能量转换形式，同时也是技术上较为成熟的一种核电源形式。从 20 世纪 50 年代后期开始，美国和苏联就开始了温差空间核电源系统的研究，并分别发射了相应的系统在轨应用。美国研制的 SNAP-10A、SP-100，苏联研制的 Romashka、BUK 等系统，都是典型的温差空间核电源系统。在轨使用过的 SNAP-10A 和 BUK，都属于 20 世纪六七十年代研制并在轨使用过的反应堆电源，属于早期的系统，功率较小，效率较低；SP-100 是在“星球大战计划”时期美国研发的重点，功率达到 100 kW 以上，效率更高，属于新一代温差发电系统。此外，目前应用的同位素电池主要也是利用温差发电来完成核电转换的，得到了广泛应用。

1.5.2　热离子发电

在日常生活中，热离效应是利用较为广泛的物理现象，在军用和民用发电装置中，热离子发电也得到了较为广泛的使用。热离子发电可以应用在航天器的空间电源上，可以用来为潜艇和船供电，也可以用在水泵上灌溉农田，还可以用在工业和家庭的电厂中。在空间核电源领域，热离子发电是发展较早的一类，从20世纪60年代早期开始发展，得到了长期的发展，并得到了在轨应用。热离子转换方式较温差效率要高。

在1963—1973年，美国、法国和德国都开展了大量的热离子空间堆的研发。这期间，美国主要是在SNAP计划的支持下开展的，用于满足多样化的功率需求。1983—1993年，美国开展了一个重大的热离子核燃料元件研发项目。1992年，美国又开展了一个40 kW的热离子核电源系统研制项目，开展了关键技术验证。在星球大战期间，美国还开展了兆瓦级的热离子空间反应对电源的研究（该项目首选的技术概念是以布雷顿为首的动态转换，热离子属于第二梯队的技术选择），用于支持空间武器，研究主要集中在燃料元件上。

1960—1989年，苏联持续开展了大型热离子反应堆研发项目。TOPAZ是苏联发展的两型空间核反应堆电源的名称。其中TOPAZ-I是世界上唯一在轨使用过的热离子反应堆电源系统。在热离子转换方面，苏联比美国更有经验，技术水平更高。但是受到苏联解体的影响，作为那个时期最先进的空间核反应堆电源系统，TOPAZ仅在轨使用了两次就被束之高阁。苏联解体后，TOPAZII（又称Yenisey）甚至被卖给曾经的对手——美国，用来深入解剖、测试、教学和培训。

美国和俄罗斯热离子能量转换领域的研究和技术开发仍在继续。近年来，有研究人员开展关于太阳能加热的热离子空间电源系统开发，燃烧加热热离子系统用于民用取暖，发电系统以及整流系统。

热离子发电的优点是高效率、高功率密度，较为紧凑便于使用。缺点是存在发射器表面蒸发的可能，在工作过程中可能会发生热断裂，密封也容易出问题。堆芯发电的热离子反应堆属于专用反应堆，一般是将热离子核燃料单元与反应堆堆芯直接整合在一起来产生电能，不可分割，所以反应堆无法与其他的核电转换器配合工作。同时，热离子转换器超高的工作温度，使其在其他应用中很难应用。

1.5.3 朗肯循环发电

朗肯循环是常见的热力学循环形式之一，在工业中有较多的应用。朗肯循环是用于预测蒸汽机性能的一种数学模型。朗肯循环是将热转化为机械功的一种理想化的热力学循环，包括等熵压缩、等压冷凝、等熵膨胀和等压吸热四个过程。在 20 世纪 90 年代，以蒸汽机形式存在的朗肯循环，提供了地球约 90%的电能。

在核电源的应用中，美国较早地开展了朗肯能量转换系统的研究，研制了多个基于朗肯系统的核电源系统，开展了多次系统级试验，使技术得到了较大的发展，但最终均未在轨应用。进入星球大战和新世纪后，朗肯循环在 SP-100、JIMO 等重大项目的竞争中均处于下风，没有得到新的发展。苏联/俄罗斯和欧洲在基于朗肯转换的核电源系统研制方面，也未见报道。

朗肯循环是最基本的动力循环，它结构简单，但是效率较低。现代大、中型气动力装置所采用的循环都是在朗肯循环的基础上改进得到的。

在美国所开展的朗肯发电空间核反应堆电源项目中，SNAP-2 和 SNAP-8 是仅有的两个开展过工程堆研制及试验的项目。SNAP-2 是

SNAP 计划的第一个空间堆电源项目，其发展过程与 SNAP 计划早期的发展有很大的关系。1957 年 10 月，苏联 Sputnik 发射三周后，第一个 SNAP 临界装置就开始测试了。SNAP 试验堆于 1959 年开始运行，SNAP-2 工程堆于 1961 年开始运行。1960 年 5 月，AEC 和空军联合启动了用于核辅助电源轨道测试的空间系统简化研制计划。计划发射 4 颗星，其中 2 颗搭载 SNAP-10，2 颗搭载 SNAP-2。1963 年，由于空军计划的调整，预算削减，SNAP-2 反应堆的电源项目被取消（其功率转换系统继续研制）。SNAP-2 项目取消后，转型为汞-朗肯项目（MRP），主要研发用于实现核涡轮发电空间电站能力所需的元器件和系统技术（不包括热源，不论是反应堆还是同位素）。最初的目的是研发并预鉴定一个电功率为 3 kW～5 kW 的 PCS 模块的原型模块元件（10 000 h），后来项目的研究目标又做了大的调整。最终，汞-朗肯项目也于 1966 年 10 月被淘汰，只留下 2 个寿命为 10 000 h 的 CRU（组合转动单元）-V 寿命测试继续开展。包括 1964 财年，SNAP-2 反应堆项目（包括 CRU）共耗资 6 000 万美元。

SNAP-50/SPUR 项目是美国开展的大功率朗肯发电空间核反应堆电源项目，但是没有开展试验。1962 年，AEC、NASA 和空军三方花重金资助了 SNAP/SPUR（空间核单元反应堆）。SNAP/SPUR 也称 SNAP-50。其目的是研制一个额定电功率为 300 kW（可升级至 1 000 kW）、寿命达 10 000 h，不含屏蔽比质量达 9 kg/kW 的空间核反应堆电源系统。1965 年，部件设计，材料、燃料和元件研制完成，项目组提交了一份继续开展工作的请求，提出在 1975 年早期提供一套鉴定过的系统用来在轨飞行试验测试。但是，考虑到后续的项目研制工作经费过于庞大，且由于可靠性等问题尚无法应用在瞄准的载人空间飞行任务，且短期内没有其他具体的、明确的航天任务应用，最终被政府否决。SNAP-50/SPUR 直至项目结束，尚未来得及开展大型的系统级试验。

1.5.4 布雷顿循环发电

闭环布雷顿循环可以与反应堆、同位素、太阳能热源耦合，为空间电源提供高效率、长寿命和可扩展的潜力。布雷顿循环与朗肯循环工作过程相似，不同的是工质在布雷顿循环中不发生集态改变。空间布雷顿循环发电机通常使用惰性气体作为工作流体（一般为氦和氙的混合物），工质通过压缩机和涡轮与转动的交流发电机耦合。布雷顿热机发电需要使用高速旋转的涡轮机，通常转速为 40 000 r/min。如此高的转速使得涡轮零件的机械压力增加，增加了涡轮失效的概率。同时，布雷顿发电对入口温度要求很高，这进一步增加了涡轮零件的失效风险。

从 20 世纪 60 年代开始，NASA 就一直开展闭环布雷顿循环功率转换技术的研究。20 世纪 60 年代和 70 年代，NASA 和工业界研发了 10 kW 布雷顿转动单元和 2 kW 迷你布雷顿转动单元，演示验证了技术可行性和性能。20 世纪 70 年代早期，NASA 李维斯研究中心开展了先进功率反应堆项目的研究，计划采用布雷顿循环。20 世纪 80 年代，研究中心为自由号空间站研制了一个 25 kW 闭环布雷顿循环太阳能动态电源系统，该技术作为 2 kW 太阳能动态地面测试演示验证项目的一部分在 20 世纪 90 年代进行了演示验证。从 21 世纪初开始，NASA 一直寻求研发用于空间反应堆应用的闭环布雷顿循环。JIMO 任务就选择了电功率为 100 kW 级闭环布雷顿循环系统与一个气冷裂变反应堆结合的电源方案。目前，闭环布雷顿循环技术主要面向月球和火星基地，用于建立裂变表面电源。表面基地的需求促使NASA支持了多个闭环布雷顿循环相关的技术研发项目，包括：50 kW交流发电机测试单元，20 kW双布雷顿测试回路，2 kW直接驱动气体布雷顿测试回路和12 kW的FSP裂变表面电源功率转换单元设计。

俄罗斯的相关研究报道较少。但是从可获取的资料中发现，21世纪初俄罗斯研究人员在RD-0410的基础上设计的核电源推进系统NPPS使用了布雷顿循环，冷却剂则计划使用氙和氦，系统电功率为50 kW，推力为68 kN。俄罗斯2010年左右开展的载人火星飞船研究也计划采用布雷顿循环核反应堆电源系统，反应堆电源输出总电功率约为2.25 MW。

1.5.5 斯特林循环发电

斯特林循环是外燃机的工作模型，目前使用并不多。斯特林循环在低温制冷机、小区热电混合生成设备和太阳能盘式电力系统中有较多的应用。斯特林循环的四个步骤为：等温压缩、通过能量输入进行等容压缩、通过涡轮机进行的等温能量释放以及向再生器或辐射器的等容热排散。朗肯和布雷顿循环热机永远无法达到理想热机的效率，因为理想热机应该在热交换中保持恒温，而斯特林循环在与膨胀、压缩等相关的热交换过程中维持恒定的温度，所以理论上有能力达到最大的卡诺效率。但是它的缺点是只适于小功率的小型发电机，斯特林发电机扩展到大功率很困难，因为斯特林循环效率的关键是热的捕获和循环再利用，本质上限制了它所能运行的速度和体积。

美国开展基于斯特林转换的空间核电源研究已经有较长的历史了。在SP-100计划概念选择阶段，斯特林方案就被列入三大技术途径之一开展进一步的遴选。虽然最终因为技术不成熟没有入选，但是，SP-100 计划继续支持了斯特林转换的技术研究。在 JIMO 的核电源系统概念选择中，斯特林方案又被列入五大技术途径之一。20 世纪末至 21 世纪初，美国开展的安全性高、经费可承受的裂变机器项目（SAFE），选用了斯特林机用来发电，此项目以空间推进为目的。2007 年启动的裂变表面电源项目（FSP）经过概念选择研究后，确定使用斯特林转换。除在空间核反应堆电源系统中有所应用外，斯特林转换还在美国的 RTG（放射性同位素热电发电机）研究中占有一席之地，是近年来研究较为活跃的几种动态转换 RTG 技术之一。近期美国空间应用有关斯特林转换的相关研究，主要由 NASA Glenn 研究中心牵头负责。其他国家的相关研究尚未见报道。

第二章　反应堆原理

2.1　压水堆

压水堆利用轻水作为冷却剂和中子慢化剂，是目前全球广泛应用的主力堆型。与传统的陆地核电或船用压水堆相比，微小型压水堆具有一体化设计、全寿期不换料、模块化建造和智能运行等技术特点，在目前成熟的核电厂技术的基础上，采用小型化、轻量化技术，简化高效、安全可靠专设系统技术，采用紧凑式布局、模块式设计等方法，大幅提升压水堆性能。

以短期内研制部署为目标，微小型压水堆是最为现实的技术选择，但由于系统构成相对复杂，设备数量较多，在功率水平较低时开发商用堆，其经济性不具有优势。

压水堆适用的功率范围是兆瓦级至百兆瓦级。

2.2　铅铋冷却堆

铅铋堆采用铅铋共晶合金作为冷却剂，在安全性方面，具有化学惰性，沸点高（1 670 ℃），较强热传导能力，热膨胀系数高，较强自然循环能力特点，且采用非能动安全系统设计；在经济性方面，系统设备简单，经济性方面具有较强竞争力，应用扩展性强，堆芯出口温度较高可满足多用途需要；在可持续性方面，燃料利用率高，嬗变锕系核素、裂变产物等放射活度分别为PWR压水堆和SFR（钠冷快堆）的

44%和 46%，换料周期长。此外，铅熔点高（327 ℃）易固化、铅不透明性导致检查及操作等存在困难；铅密度高需要在结构和抗震设计中特殊考虑；铅铋金属腐蚀性、去钋等技术问题尚未突破。

铅铋冷却堆适用的功率范围是百千瓦级至百兆瓦级。

2.3　碱金属冷却堆

碱金属冷却堆（属于快中子反应堆）是采用液态碱金属（钠、钾、锂）作为一回路冷却剂的反应堆，因其较高的运行温度、较高的功率密度、良好的冷却性能以及相对较轻的工质密度等特点，在空间核动力应用中具有较好的技术优势，目前世界上已完成并使用的空间核反应堆电源全部采用碱金属冷却反应堆。

与传统压水堆技术相比，碱金属冷却反应堆具有以下技术特点：一是热工特性优良。液态金属热导率高，熔点低，沸点高，这使其在常压下就能实现较高功率密度。二是运行温度高，可为各种能量转换系统提供高温热源，提高热电转换效率，从而降低核电源的重量和体积，便于实现小型化。三是碱金属与包壳结构材料的化学兼容性好，减小材料腐蚀效应，可提高反应堆寿命与系统设备可靠性。

由于采用碱金属作为冷却介质，碱金属冷却堆也具有一些固有的技术短板与劣势：一是碱金属冷却反应堆工作温度高，对高温电磁泵性能要求较高，目前研制还存在较大难度，需要重点突破。二是碱金属具有很强的反应活性，与空气和水发生剧烈的化学反应，为保障堆的运行安全，需严格控制碱金属的泄漏。三是部分碱金属快堆的关键技术存在明显空白，譬如锂冷快堆需采用高富集度（99.99%以上）锂-7作为冷却剂，目前尚无相关技术。

碱金属堆适用的功率范围是千瓦级至兆瓦级。

2.4 热管堆

热管反应堆属于固态反应堆，通过堆芯布置多根热管将反应堆产生的热量非能动地传导至二回路系统或热电转换装置，是区别于传统回路反应堆的一种全新反应堆。

热管反应堆因其高度简化的系统设计、高固有安全特性、成熟技术基础的可借鉴性、较小的比质量（＜100 kg/kW）、超静音性等特点，在功率规模相对较小时具有突出的优势，是未来高隐身、高可靠和高智能化特种装备核能源供应的重要堆型选项之一。热管反应堆技术存在一定的技术短板与瓶颈，如受材料传热性质影响无法达到较高功率密度、适应小堆芯结构的元件研制技术、装配工艺技术尚未攻破等问题。

热管堆适用的功率范围是千瓦级至百千瓦级。

2.5 高温气冷堆

高温气冷堆是采用石墨作为慢化剂、高温氦气作冷却剂的核反应堆，具有固有安全性、转换比高、热效率高的优点。根据燃料元件的不同可分为球床高温气冷堆和棱柱状高温气冷堆两种，其中球床高温气冷堆可不停堆装卸料，功率分布和燃耗较为均匀，核反应堆可利用率高，后备反应性小，提高了经济性和安全性；缺点是换料系统比较复杂，反射层不宜更换。棱柱状高温气冷堆的优点是堆芯做成环状，有利于传热，氦冷却剂压力降低，石墨反射层容易更换；缺点是需要停堆更换燃料，要求后备反应性大，经济性差。目前世界上首台具有第四代核能系统安全特性的模块式高温气冷堆（HTR-PM）示范电厂，于 2021 年底并网发电。

高温气冷堆适用的功率范围是十兆瓦级。

2.6　氦冷微堆

氦冷微堆是采用氦气作为冷却剂，使用富集度20%以下TRISO燃料，能量转换系统采用开式空气布雷顿循环，具有高固有安全性、高热电转换效率、高可靠性、紧凑性和可运输性等特点，是目前美国贝利计划中选择应用于陆上移动微堆的堆型。依托高温气冷堆的运行经验与数据，氦冷微堆可满足初始基本的要求，是面向工程化落地、满足基本需求最为快速的选择。

氦冷微堆适用的功率范围为兆瓦级。

2.7　氦氙冷却堆

氦氙冷却堆采用氦氙混合气体作为反应堆冷却剂，将堆芯热量传导至二回路系统或直接推动气体涡轮发电机发电，具有可实现高温低压运行、小型化、轻量化、长寿期及无人化的特点，相比于氦气冷却的传统高温气冷堆，既具备高温优势，又便于实现反应堆系统的小型化，是目前国际上兆瓦级空间核动力的首选堆型。

目前超高温氦氙冷却反应堆技术存在一些待攻破的技术短板问题，一是氦氙堆运行温度高对堆芯燃料和结构材料的耐高温性能提出了挑战；二是为防止高速气流经过堆芯引起激振，堆芯燃料结构设计技术难度较高；三是为避免氦氙气体泄漏，系统和设备的密封技术要求很高。

氦氙冷却堆适用的功率范围是百千瓦级至兆瓦级。

2.8 超临界二氧化碳堆

超临界二氧化碳堆采用处于超临界状态的二氧化碳作为冷却工质，当热源温度在 450 ℃以上时，效率与温度成正比，体积大幅缩小，重量显著减轻，系统的启停、机动时间、振动噪声水平可大幅缩短，但对设备、部件提出了较高的要求，同时直接循环反应堆技术难度大、创新性强，达到成熟应用水平仍需时日。

作为一项革新型技术，将超临界二氧化碳堆装备于核潜艇，可使动力系统舱室缩减一半，载弹量提高一倍，机动性能提高一倍以上，噪声降低 20 dB 以上，对舰艇战技指标具有革命性突破，有望成为军用核动力“海、陆、空、天”等多领域未来发展的重要方向。

超临界二氧化碳堆适用的功率范围是兆瓦级至百兆瓦级。

2.9 开式循环堆

开式循环堆通过反应堆中核裂变产生的大量热能，将空气或氢气等推进剂注入反应堆中，推进剂会受热迅速膨胀从发动机尾部高速喷出产生推力，是一种适用于推进系统的小型核动力技术。开式循环堆具有设计简化、运行温度高、推进效率高、功率密度高等特点，在无人推进系统中可进一步简化系统设置，降低反应堆系统质量。目前开式循环堆处于探索研究阶段，尚未开展大规模的关键技术攻关。

开式循环堆适用的功率范围是百兆瓦级。

2.10　小结

从图 2.1 可以看出，热管堆、氦氙堆、碱金属反应堆功率范围跨度大（千瓦级至兆瓦级），特别是碱金属反应堆具有突出优势，机动性强，应用价值高，是未来高隐身、高可靠和高智能化特种装备能源供应的重要堆型选项；根据开式循环反应堆堆型特点及适用功率范围，在无人、功率要求高的应用场景中具备独特优势；压水堆、铅铋堆、超临界二氧化碳堆因其工作技术原理，其优势应用于较大功率场合（兆瓦级以上）才能得以体现。

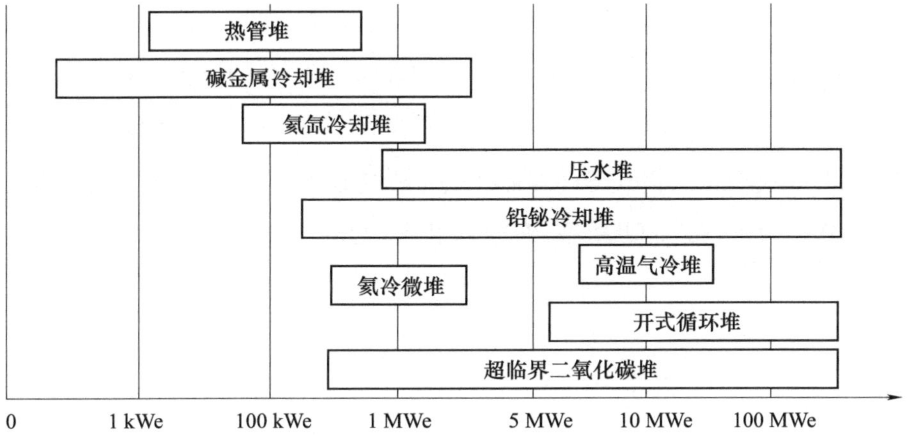

图 2.1　反应堆堆型适用的电功率范围

第三章 美俄微小型核动力研制组织管理体系

3.1 美国

以空间核动力为例，美国空间核动力研发的组织管理体系包括总统领导国家太空委员会的决策领导机构，能源部（States Department of Energy，DOE）和航空航天局（National Aeronautics and Space Administration，NASA）两大政府部门各司其职的组织管理机构，DOE 和 NASA 下辖研究机构协同推进的研发执行机构，如图 3.1、图 3.2 所示，1965 年美国空间核系统项目机构如图 3.3 所示。

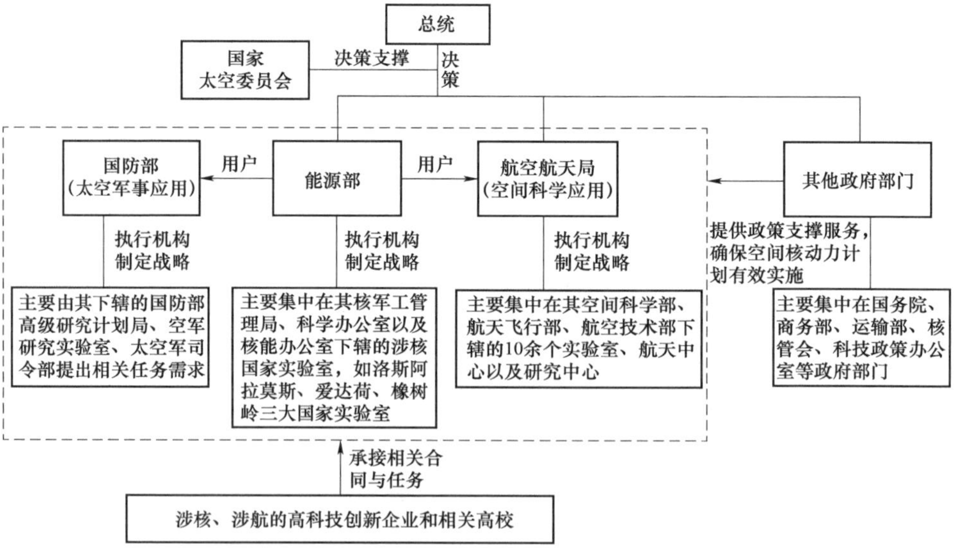

图 3.1 美国空间核动力研发的组织管理体系

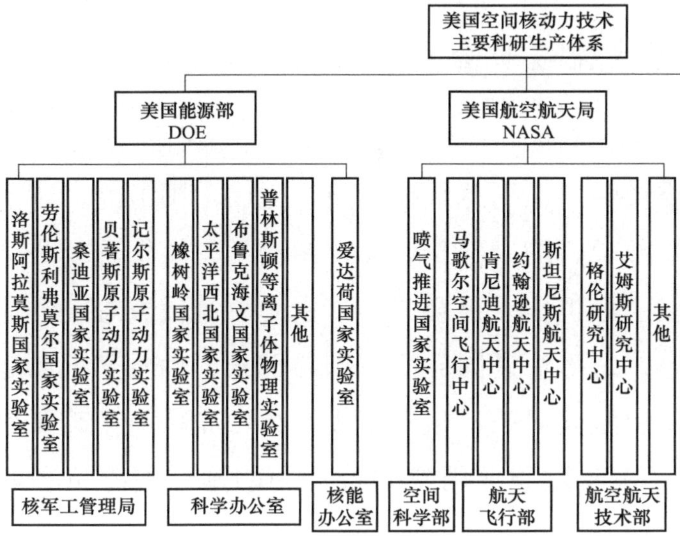

图 3.2　美国空间核动力主要科研生产体系

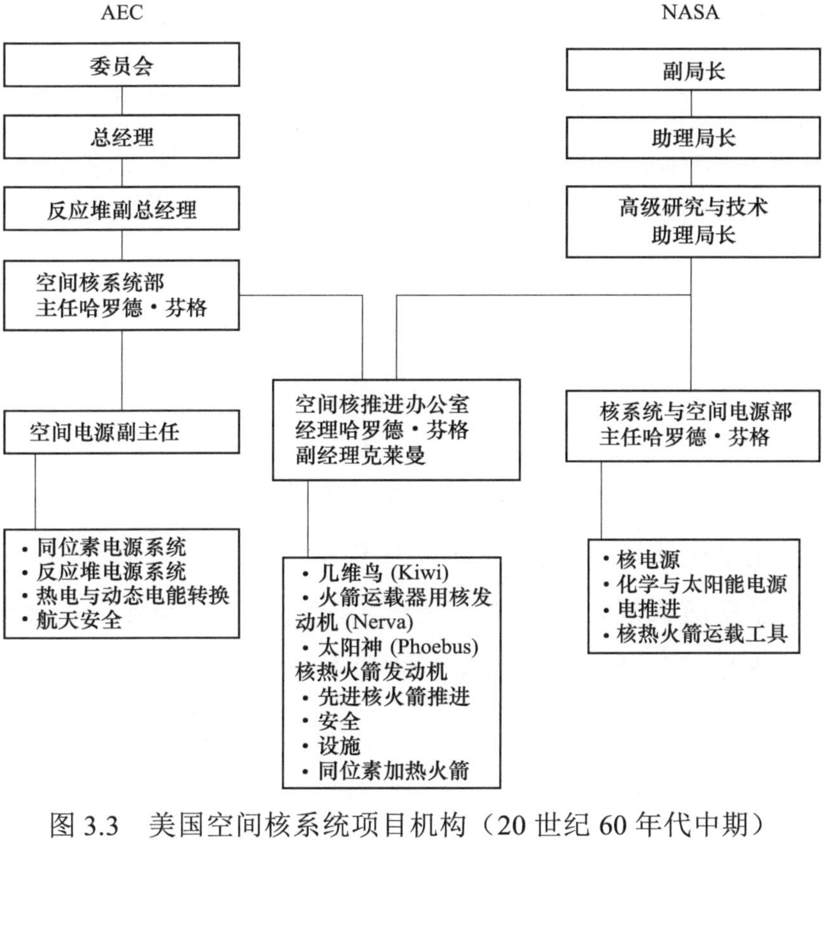

图 3.3　美国空间核系统项目机构（20 世纪 60 年代中期）

3.1.1 总统领导国家太空委员会负责决策

2017 年 6 月 30 日，为重振美国太空领导力，美国时隔 25 年第三次正式重建国家太空委员会，由副总统任委员会主席，国务卿、国防部长、商务部长、运输部长、能源部长、NASA 局长、核管理委员会主席、科技政策办公室主任担任委员会成员。由副总统代表总统并通过国家太空委员会行事，统筹协调国务卿、国防部长、商务部长、运输部长、能源部长、航空航天局长、核管理委员会主席、科技政策办公室主任的相关工作，在开发和使用空间核动力的国家战略下各负其责。

3.1.2 DOE 和 NASA 两大政府部门各司其职

能源部。作为美国集中管理空间核动力研发的联邦政府机构，DOE 负责牵头制定与实施美国的空间核动力计划，通过统筹协调其下辖世界领先的国家实验室优势科研力量，大力开展空间核动力的开发和使用，以实现美国太空国家安全和深空探测目标。相关研究单位主要集中在核军工管理局、科学办公室以及核能办公室下辖的 16 个国家实验室。2021 年 1 月 6 日，美国能源部发布的《太空能源战略》提出将 DOE 下辖涉核国家实验室的能力同航天界的需求相结合，加强先进放射性同位素电源、星表空间核反应堆电源以及核热火箭技术等研发，以满足国防部和 NASA 今后的任务需求。

国家航空航天局。作为美国负责太空计划制定与实施的联邦政府机构，NASA 主要开展航空科学和太空科学的研究，是世界上最权威的航空航天科研机构。NASA 下设 6 个战略事务部（共分管 10 余个研究中心、实验室以及飞行中心），其中涉及空间核动力开发和使用的部门主要集中在空间科学部、航天飞行部，以及航空航天技术部。

NASA 在军用、民用航空航天方面担负了各种类型的任务，与国防部的高级研究计划局（Defense Advanced Research Projects Agency，DARPA）有着密切的联系，与陆、海、空军有共同的合作计划，与 DOE 等其他政府部门有各种合同关系。NASA 的研究成果可以直接转让给国防部、各航空制造公司以及其他有关机构。

3.1.3　DOE 和 NASA 下辖研究机构协同推进

（1）DOE 下辖的主要研究机构

洛斯阿拉莫斯国家实验室（LANL）。洛斯阿拉莫斯国家实验室成立于 1943 年，位于新墨西哥州，将国家安全作为其最高使命，所承担的任务涉及核武器、核事故应急响应、军控、核不扩散和空间核动力等领域。从早期的热离子堆研究到后续持续以热管堆研发为主，LANL 几乎参与了美国各个时期主要的空间核动力计划，如 ROVER/NERVA 计划、SP-100 计划、普罗米修斯计划、AFSPS 计划、NTP 计划、Kilopower 计划等，主要负责反应堆设计和建造工作，先后进行了 15 次核热火箭反应堆和发动机部件级热试验，完成部分型号空间堆电源特定部件测试和非核集成试验，其 Kilopower 项目已完成地面反应堆的全功率测试。

橡树岭国家实验室（ORNL）。橡树岭国家实验室成立于 1943 年，位于田纳西州，是 DOE 最大的科学和能源实验室，主要开展核裂变与聚变相关的基础和应用科学、材料科学等研究以及提供同位素生产等服务，建造了高通量同位素研究堆（HFIR）等科研设施。成立至今，ORNL 一方面根据需求提出开展核动力飞机计划、中等功率反应堆试验（MPRE）计划，也先后参与了普罗米修斯计划、NTP 计划等，主要负责了空间核动力所需燃料技术的开发与测试。成功建造了核动力飞机的熔盐堆实验装置（MSRE），并在 2.5 MW 的功率下成功运行了

100 h。目前，ORNL 正与 NASA 共同努力重新开发 NERVA 石墨复合燃料制造技术，以提升技术成熟度，满足 NTP 计划的近期需求。此外，为支撑 NASA 探测火星和深空放射性同位素电源的需求，ORNL 正牵头联合爱达荷国家实验室和 LANL 提升钚-238 产能，预计 2026 年达 1 500 克/年。

爱达荷国家实验室（INL）。爱达荷国家实验室由爱达荷国家工程实验室与环境实验室合并而成，其中国家工程实验室（前身为核反应堆测试中心）始建于 1949 年。INL 位于爱达荷州，属综合性多学科实验室，主要从事核能、国家安全以及环境科学等领域的研究。在空间核动力领域，INL 利用其先进试验堆（ATR）、瞬态脉冲研究堆（TREAT）、热燃料监测设施、空间与安全动力系统设施、材料燃料中心等独一无二的重大科研设施，先后承担了美国空间核动力的燃料开发与测试、电磁泵等关键部件的设计与制造、钚-238 材料的生产以及放射性同位素电源的组装、测试和其安全分析等任务。目前，INL 和 NASA 正合作开发用于 NTP 计划的新型燃料，并利用 TREAT 堆的独特性能来确定候选燃料。此外，预计到 2026 年，INL 将联合其他国家实验室为 NASA“蜻蜓计划”设计、开发和部署一架 RTG 驱动旋翼机。

（2）NASA 下辖的主要研究机构

喷气推进国家实验室（JPL）。喷气推进实验室（JPL）成立于 1936 年，位于加利福尼亚州帕萨迪纳，主要负责为 NASA 开发和管理无人太空探测任务，同时也负责管理 NASA 的深空网络，主要功能是建造和操作行星航天器。成立至今，JPL 参与了一系列空间核动力计划，主要包括：开展了基于 SP-100 的深空探测概念研究，提出了土星环形会合任务；牵头负责普罗米修斯计划中“木星覆冰卫星轨道器”

（JIMO）的设计制造，主要承担 JIMO 非核部分的设计研发工作，在计划终止前即将进入初样设计阶段；负责管理NASA的火星探测计划，成功完成“好奇号” 和“毅力号”新一代核动力火星探测车任务的开发和管理，其搭载的 MM-RTG 由 DOE 下辖国家实验室研制提供。此外，JPL 负责设计的旅行者 1/2 号探测器于 1977 年发射后目前仍在轨运行，其搭载的由 DOE 提供的 MHW-RTG（数百瓦级 RTG）预计可持续工作到 2025 年。

格伦研究中心（GRC）。格伦研究中心（GRC）成立于 1942 年，位于俄亥俄州克利夫兰，专门从事航空航天发动机的试验研究。从成立之初，GRC 就开始核热火箭研究，先后管理和参与了 NERVA 计划、普罗米修斯计划、AFSPS 计划、NTP 计划及 Kilopower 计划，主要负责能量转换系统、传热系统等非核系统的设计和动力系统的非核测试。其中，NERVA 计划于 20 世纪 60 年代初提出，其目标为在 ROVER 研究成果的基础上进一步研制用于空间推进目的的核火箭发动机，得到了 AEC 和 NASA（替代了空军）的联合支持，GRC 主要负责该计划的管理工作。

马歇尔太空飞行中心（MSFC）。马歇尔太空飞行中心（MSFC）成立于 1960 年，位于亚拉巴马州亨茨维尔，主要致力于航天飞机和太空飞行器的动力技术研究以及国家太空站的设计和建造等。从 1960 年至今，MSFC 同 DOE 多次开展合作，先后参与多个空间核动力计划，如普罗米修斯计划、NTP 计划、AFSPS 计划以及 Kilopower 计划等。其中，NTP 计划作为 ROVER/NERVA 计划的延续，于 2011 年由 NASA 重启，旨在促进和实现小行星和火星载人探索任务，由 MSFC 负责组织 NTP 技术开发与论证的重启工作，会同 DOE 共同开展。近年来，MSFC 基于其核热火箭燃料研发的相关试验设施，联合 INL、BWXT

核能公司共同开展了 NTP 的 W/UO_2 燃料制造工艺的开发与测试，预计将在 2026 年完成核热火箭 25 千磅级发动机的设计、制造、地面及飞行测试。

3.2 俄罗斯

以空间核动力为例，俄罗斯空间核动力研发的组织管理体系包括总统太空委员会全面统筹谋划的决策领导机构，俄罗斯国家原子能集团公司（Rosatom，简称俄原公司）和国家航天集团公司（Roscosmos，简称俄航公司）两大国有公司集中管理的组织管理机构，两大国有公司下辖研究机构及库尔恰托夫研究院分工实施的研发执行机构，如图 3.4、图 3.5 所示。

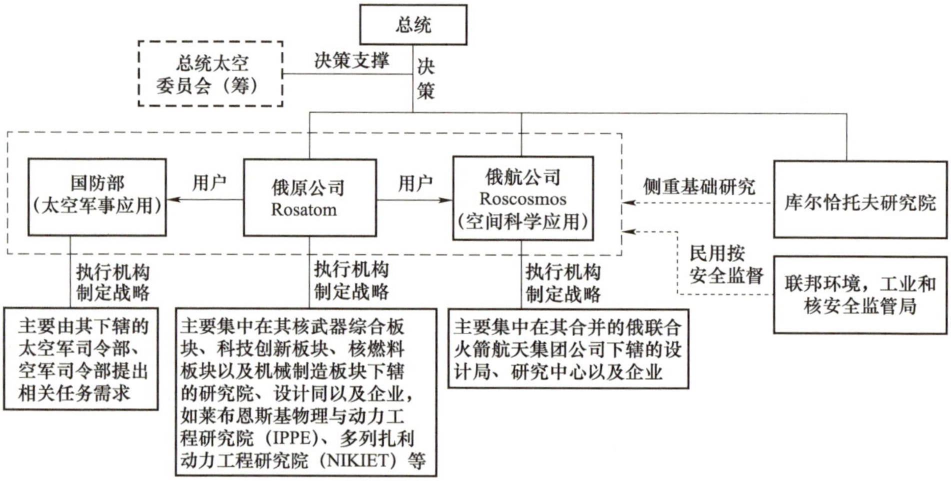

图 3.4　俄罗斯空间核动力研发的组织管理体系

3.2.1 总统太空委员会全面统筹谋划

继美国成立国家太空委员会之后，2018 年 11 月，俄罗斯科学院

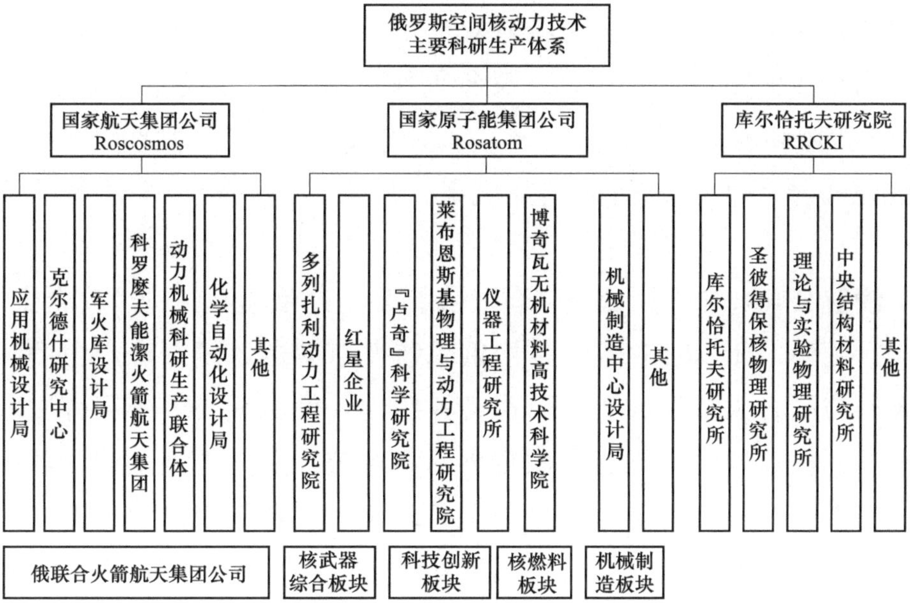

图 3.5　俄罗斯空间核动力主要科研生产体系

与俄航公司举行联合会议，会后起草报告提出为确保完成国家探月计划，提议成立俄罗斯总统太空委员会。该委员会的主要职责是确定俄罗斯太空领域的发展战略。目前尚无公开消息表明该委员会是否已成立，可能还在推进中。当前，俄罗斯已设有俄罗斯科学院太空委员会，由科学院院长担任委员会的主席，直接对总统负责，负责制定和协调俄罗斯的太空计划。

3.2.2　俄原和俄航两大国有公司集中管理

俄原公司。作为俄罗斯核工业的执行主体，俄原公司的前身为苏联中型机械制造部，是苏联时期最大的政府部门。2007 年，俄原公司通过立法的形式由包括俄联邦原子能机构在内的整个军民核工业整合而成，直接向俄罗斯总统负责，囊括了俄罗斯核工业上、中、下游的 335 家研究机构和公司企业，负责统筹开展军民核工业领域的科研生产活动，主要涉及核军工、核动力、核电、核技术与基础科研等领域。从职能上看，俄原公司身兼双重角色，既是企业主体，参与并协调下属企业的市场经营活动，又行使核行业政府主管的职能，对内负责管理俄联邦所有的核资产，对外代表国家履行俄联邦在和平利用核能与核不扩散方面的国际义务，属于“政企合一”性质的特殊单位。

俄航公司。与俄原公司一样，俄航公司是俄航天工业“政企合一”的执行主体，于 2015 年 7 月由俄总统普京签署总统令确定由俄联邦航天局与联合火箭航天集团公司合并组建。俄航天公司既拥有原联邦航天局职权，同时也拥有原联合火箭集团公司及其下属企业。其中，俄联邦航天局原有职责负责执行国家政策与法律规范，管理国家太空资产和国家合作项目，管理航天工业部门开展军用太空技术等；联合火箭航天集团公司几乎囊括了俄航天领域内的所有企业、设计局与科研单位，负责集中优势力量建立具有全球竞争力的航天能力和产品生产研制体系。

3.2.3 两大国有公司下辖研究机构及库尔恰托夫研究院分工实施

俄原公司下辖的主要研究机构如下。

莱布恩斯基物理与动力工程研究院（IPPE）。莱布恩斯基物理与动力工程研究院成立于 1946 年，位于俄奥布宁斯克，主要从事钠冷快堆、铅铋快堆、空间核反应堆电源、放射性同位素电源以及核热推进等领域的研发工作。从成立之初到现在，IPPE 先后承担和参与了 BUK 型和 TOPAZ-I 型空间核反应堆电源以及 RD-0410 核火箭发动机实验样机的研制，为 Leda 月球着陆器、火星-96 探测器和月球-25 号机器人航天器提供钚-238 电源产品。其中，从 1970 年至 1988 年，共有 31 个 BUK 型空间核反应堆电源成功用于宇宙号侦察卫星，最长任务持续时间 135 天。此外，在 1987 年 2 月至 7 月，共有 2 个 TOPAZ-1

型空间核反应堆电源成功用于宇宙号侦察卫星，最长任务持续时间近1年。近期，IPPE联合SPA红星于2012年公布了创新型热离子转换器的设计，转换效率可达到10%，可以输出约1 MW范围内的电能。并且IPPE受俄原公司指派，正在马雅克的工业反应堆进行小批量的钚-238生产，以支撑俄太空探测任务的顺利开展。

多列扎利动力工程研究院（NIKIET）。多列扎利动力工程研究院成立于1952年，位于俄莫斯科，主要从事反应堆设计及相关设备研发制造等工作，涉及领域包括核潜艇反应堆、RBMK石墨堆、BREST铅基快堆、研究堆、微堆、核热推进、双模式核电源/推进系统（NPPS）、兆瓦级空间堆等，是俄罗斯核动力领域反应堆设计研发的重要研究机构之一。根据公开资料，NIKIET参与了RD-0410核火箭发动机实验样机的研制和IGR高通量石墨-脉冲堆、IVG-1反应堆等核热推进研究专用设施的建造。基于RD-0410核火箭发动机的研究基础，2007年4月，NIKIET宣布将重点开发一种核动力双模式系统的地面原型装置，其电功率为100 kW～500 kW。此外，2010年6月，Keldysh研究中心牵头启动了使用核电源动力系统的兆瓦级空间核动力飞船计划，NIKIET负责该计划中核动力装置的反应堆设计与制造。

第四章　美俄微小型核动力典型型号技术方案

美俄对微小型核动力的研究一直处于世界领先地位，自 20 世纪 50 年代开始先后支持多个研发计划，在核电推进、核热火箭发动机与吸气式核发动机方面进行有益尝试，建立较为完备的研发技术体系、配套试验设施和专业人才队伍。本节不包括核航母、核潜艇等已实现规模列装的核动力。

4.1　美国

自 20 世纪 50 年代以来，美国始终将发展微小型核动力技术作为国家战略，投入了大量的人力物力，面向不同应用场景探索多条技术路线，开展多个型号的研发，建立了系统的研制试验设施，累积了丰富的研发应用经验。

4.1.1　海基核动力

（1）水下空间站

美国 Severs 和 Toll 曾在 1979 年申报了水下核电厂设计专利（见图 4.1）。根据该专利，其水下核电厂系统包含了一个三角形排列的平台，由 3 个大型的互相连接的球形压力容器所组成。球形容器设计不仅可以承受水环境的较大外部压力，同时也可承受内部蒸汽压力从而防止核事故的发生。

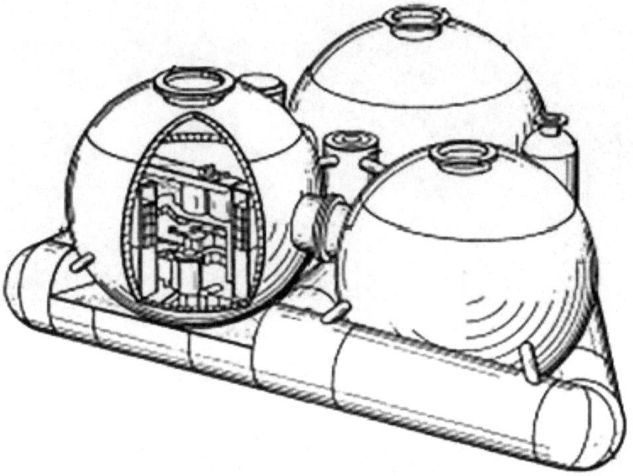

图 4.1　美国水下核电站专利设计结构图

反应堆总的热功率水平为 3 423 MW，其中 12 MW 用于反应堆主泵运行，堆芯运行额定功率为 3 411 MW。系统压力为 2 500 psi，堆芯出口温度 343 ℃。

（2）深海作业装备

基于搜寻救援、信息作战、情报及取证调查等军事任务，以及科学考察等民用任务需求，美国于 1969 年便建造服役了 1 艘 NR-1 深海作业平台（如图 4.2 所示），该深海作业平台于 2008 年退役；于 1971 年启动 NR-2 研究工作。深海核动力高度保密，具体发展情况不详，开展部分 UUV 核动力研究，后续未见报道。

NR-1 全长 44.4 m，排水量约 365 t，最大下潜深度 914 m，水上/水下速度为 4.5/3.5 kn，载员约 13 人，水下最大潜航时间为 30 天。动力采用压水堆核动力技术，反应堆热功率约为 4 MW，采用单回路紧凑布置，反应堆换料周期约为 20 年；二回路系统采用 1 台汽轮发电机组，用于电力推进和为生活、作业供电。

图 4.2　NR-1 深海作业平台

NR-2 早期提出了两种备选的设计概念，后来考虑到任务使命的拓展，于 20 世纪 90 年代又分别提出了三种不同的概念设计。在动力方面，NR-2 原打算采用和 NR-1 相似的反应堆，后期随着任务拓展，其总体规模、航速、续航能力等方面相比 NR-1 有大幅提升，初步估计其反应堆热功率在 10 MW 左右。

（3）海上浮动平台

1963 年，美国开始利用 MH-1A 型压水反应堆（反应堆热功率约为 10 MW）将一艘名为“Charles H.Cugl”的二战用船只改造成浮动式核动力装置。在整个 19 世纪 70 年代，浮动式核动力装置在美国被认为是技术上和经济上都可行可用于国内供电的设计概念，并为此成立了一个名为“海上电力系统”（offshore power system）的公司来开发和建设核动力海上平台。麻省理工学院于 2014 年提出了一种新的海上核动力平台方案，基于现有的勘探开采石油天然气的海上平台技术，将核电厂置于距离海岸 8～11 km 的海域，平台上搭载电功率 200 MW 的小型模块化反应堆，将通过海底电缆实现从核电站到海岸之间的电力传输。

4.1.2　陆基核电源

（1）陆上移动式核电源

美国在较早的时候便开始研讨移动式小型核电源问题，通用电气公司提出了 630A 型高温气冷堆，该反应堆可以用船舶、铁路和重型卡车运输，所以称之为可移动式核电厂，采用空气冷却、水慢化、铍作反射层的一体化布置方案，直流蒸汽发生器和风机布置在堆芯下方，气体冷却剂完全在反应堆压力容器内部循环。美国提出的 630A 型空气冷却堆只完成了方案设计，没有建模式堆装置。

20 世纪 50 年代末期到 70 年代，美国研发了一种移动式反应堆电源，用于偏远地区供电，在爱达荷（Idaho）进行测试，编号为 ML-1 微型核电厂（Mobile Nuclear Power Plant）。ML-1 是一个试验装置，并未采用压水堆技术，而是采用 N_2 作为冷却剂、水作为慢化剂，通过压力管结构将冷却剂与慢化剂分隔；系统布置紧凑，由反应堆、能量转换与电气传输、自动控制与保护、监控与信号传输、仪表、废物贮存和氮气输出等系统组成，可被装入 6 个标准化海运集装箱内进行运输，其中主要的两个集装箱重量为 15 t，可用 C-130、卡车和火车运输（图 4.3）。ML-1 设计压力为 0.9 MPa，进行了示范装置建设，实际最大功率为 140 kW。目前 ML-1 已被关闭。

进入 21 世纪以来，美国又陆续提出了 HOLOS 反应堆、MegaPower 反应堆方案，用于陆地移动战场等地电源的供应。其中 HOLOS 反应堆是一种采用三层各向同性包覆颗粒（Trisotopic Particles，TRISO）燃料的模块化反应堆，其电功率在 3～81 MW，系统热效率 45%～60%，可以 12～20 年不换料。对于 81 MW 的反应堆发电装置，整个系统尺寸在 5.8 m × 9.8 m × 27.4 m 以内，其模块式设计使得电源系统可以通过集装箱运输，快速投放，提供紧急电源供应。反应堆一般由四个或者六个标准的模块组成，包括 PCU 系统、ORC 系统、堆芯燃料筒、承压容器、涡轮发电机等。模块之间通过控制相互间距来控制反应性和功率，反应堆的冷却剂为 He。目前有个别堆芯零部件的样件，未见有系统性的试验验证和示范装置运行。

MegaPower 反应堆是由 Los Alamos 国家实验室提出的概念设计，预期电功率为 2 MW，采用热管冷却反应堆匹配开式布雷顿能量转换的方案，堆芯横截面如图 4.4 所示。该概念设计可采用 C-17 运输机运输，72 h 内可完成安装并投入运行，7 天内可实现停堆、冷却、拆分、撤退，换料周期大于 2 年。但目前仅为概念设计，未见到有实质的样件试制及实验。

图 4.3　ML-1 可移动气冷堆核电源系统

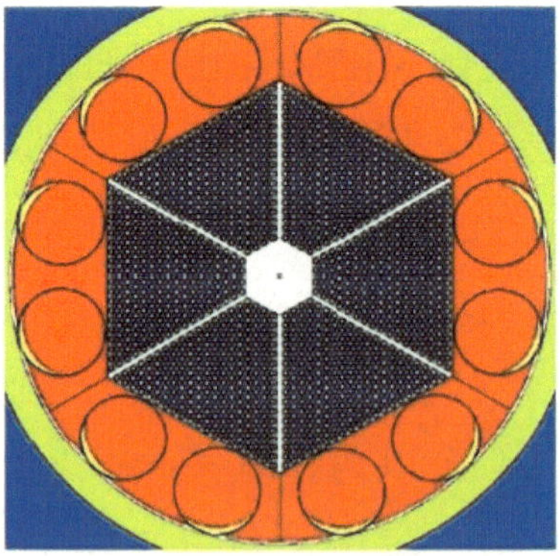

图 4.4　MegaPower 堆芯横截面示意图

美国西屋公司目前正在开发 eVinci 微小型模块化热管堆。eVinci 将空间热管堆的先进理念与商用核电厂的丰富运行经验相结合，具有小型、安全、高可靠、全工厂制造、方便运输、快速布置、自主运行、维护需求少、换料周期长等多种特性，可用于偏远地区、极地矿区、军事基地等。eVinci 微型反应堆采用创新设计，通过简化系统来提高反应堆的可靠性。其反应堆堆芯为一个坚固的不锈钢基体，其中相间分布有热管孔道与燃料孔道；热管和燃料分别布置在对应孔道中，每根燃料棒与三根热管相邻，总体而言，整个反应堆堆芯的热管与燃料之比约为 2:1。大量的堆芯内热管有利于提高系统的可靠性和安全性。反应堆设计方案如图 4.5 所示。

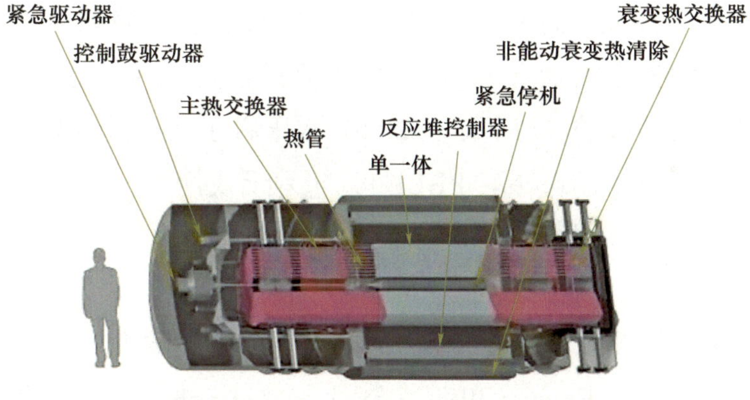

图 4.5　eVinci 反应堆设计方案简图

eVinci 反应堆设计电功率范围覆盖 200 kW～5 MW，反应堆可以不换料连续运行 10 年以上。美国能源部 2019 年 3 月为该项目投入 1 290 万美元，西屋预计投入为 2 860 万美元，按照西屋的计划，eVinci 将在 2022 年建成示范堆，2023 年完成试验，在 2025 年具备商业推广条件，运营场景如图 4.6 所示。

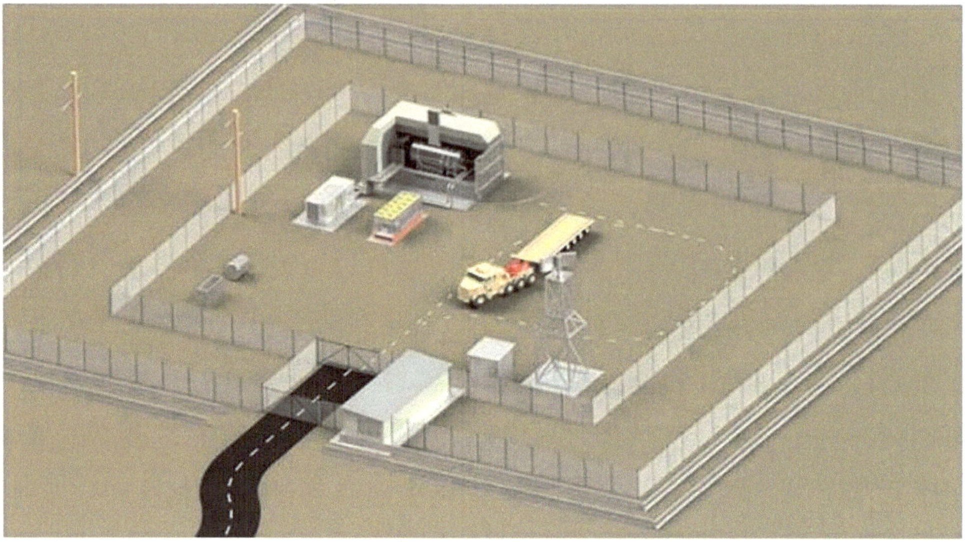

图 4.6 eVinci 反应堆运营场景图

随着近年国际局势的变化，美国国防部的战略能力办公室（SCO）于 2018 年重启了可移动微堆项目，发布《军事用途移动式核反应堆研发路线图》，后又于 2020 年开启了“贝利计划”（Portable Energy for Lasting Effects，PELE）。贝利计划可分为三个阶段，方案设计阶段、详细设计及原型堆工程建造阶段，以及运行至退役阶段。

在方案设计阶段，国防部 SCO 支持 3 个方案展开设计竞赛，巴威公司（BWXT）、X-Energy 和西屋公司（Westinghouse）三家公司获得初始设计合同，前两家采用高温气冷堆＋二回路空气涡轮机方案，西屋公司采用热管堆＋空气涡轮机方案。西屋热管堆方案于 2021 年被淘汰，技术路线聚焦于高温气冷堆＋二回路空气涡轮机方案；2022 年 6 月，巴威公司方案获得胜利。目前，贝利计划已进入到详细设计及试验堆工程建设阶段，由巴威公司作为工程总体单位牵头项目实施，计划于 2024 年完成车载可移动原型堆的装备建设，并完成 TRISO 核燃料的生产制备。

（2）陆基固定式核电源

在陆基核电源方面，美国已开发一种创新型小型模块动力堆（PRISM），为一座电功率 311 MW 的液态金属冷却快中子堆，正在考虑向 NRC 提交设计认证申请。此外，美国正在研究设计小型先进钠冷快堆（AFR-100）。AFR-100 设计的固有安全特性已完成严重事故情况下的工程验证和安全性分析。AFR-100 采用可移动的池式设计概念，能量转换采用超临界 CO_2 布雷顿循环。

（3）陆上模块化小型堆

美国重点开发五种一体化小型轻水堆（压水堆、沸水堆），分别是 NuScale、mPower、西屋公司 SMR、霍尔台克国际公司（Holtec）的 SMR-160 和通用的 BWRX-3000。

NuScale 公司 2016 年底向美国核管会提交 NuScale 小堆设计认证申请，2018 年 5 月率先通过 NRC 第一阶段审核，2020 年 9 月 11 日 NuScale 标准设计获批准，计划 2024 年前后实现示范堆商运。2023 年 11 月，由于无法吸引足够多的电力订单导致项目建设推进乏力，NuScale 小堆项目终止。

BWX 技术公司研发的 mPower 电厂有 2 个模块，每个模块的电功率为 195 MW。西屋公司完成电功率为 225 MW 的 SMR 概念设计，采用了全内置一体化的技术路线；2023 年 5 月提出了 AP300 单环路概念方案，采用类似于 AP1000 的非能动安全系统设计理念。

Holtec 就 SMR-160 小堆，与多家机构签署了谅解备忘录，计划 2026 年前在乌克兰建造，还向加拿大核安全委员会申请执照申请前供应商设计评估。

GE 和日立合资公司的 BWRX-300 是一种小型模块化沸水堆，在实现批量建设后造价比小型模块化压水堆低 40%～50%，目标是实现天然气电厂的平准化发电成本，目前已和加拿大安大略电力公司

（OPG）签订了建设合同。

4.1.3　空间堆电源及核动力

美国空间堆电源及核电推进发展概况如图 4.7、表 4.1 所示，美国主要执行了核辅助电源系统（Systems for Nuclear Auxiliary Power，SNAP）、SP-100、普罗米修斯（Prometheus）等计划，对液态金属堆、热管堆、气冷快堆等堆型，以及温差、热离子、斯特林、布雷顿等转换方式进行了研究。

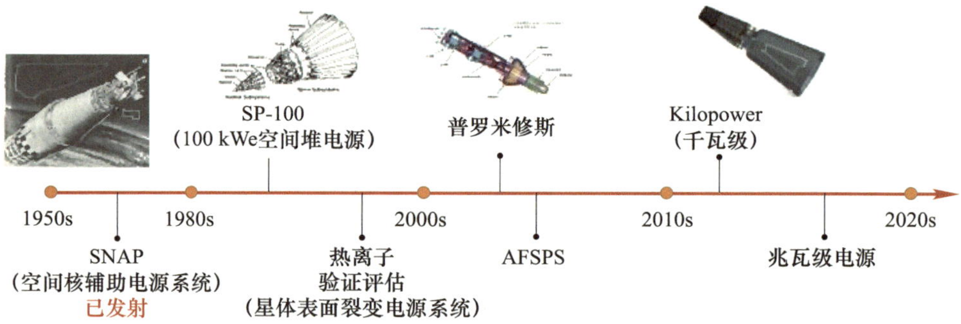

图 4.7　美国空间堆电源及核电推进发展概况

表 4.1　美国空间核反应堆电源研发情况

年代（年份）	名称	功率/kW	寿命/年	重量/t	状态	备注
1965	SNAP-10A	0.5	1	0.4	已发射	铀氢锆反应堆，钠钾冷却，温差发电
1970—1980	SP-100	100	7～10	4	完成关键技术攻关	锂冷快堆，温差发电
1990	SPACE-R	40	3～5	2.2	完成技术设计	超热堆，钠钾冷却，热离子发电

续表

年代（年份）	名称	功率/kW	寿命/年	重量/t	状态	备注
2002	普罗米修斯	200	15	6～8	完成关键技术攻关	氦氙气冷快堆，布雷顿发电
2006	星表核电站 AFSPS	40	8	4.9	完成非核集成	钠钾冷快堆，斯特林发电
2018	千瓦级空间核反应堆电源 Kilopower	1	12	0.6	完成带核集成	热管堆，温差/斯特林发电

（1）SNAP 计划

20 世纪 50—70 年代，针对为侦察卫星、通信卫星和星际探索提供动力的目标，美国空军和国家航空航天局开展了 SNAP 计划，研发功率 0.5～60 kW、寿期 1 年的空间堆电源。这一期间重点研发了 500 W 的 SNAP-10A 电源（图 4.8）。其采用钠钾冷却快堆匹配温差转换的技术方案，于 1965 年 4 月成功发射，成为世界上第一个也是美国唯一一个发射的空间堆电源。在 SNAP-10A 的飞行期间，曾为一个小型离子电火箭推进器供电，这是世界上最早的空间核电推进试验。

（2）SP-100 计划

1983 年，美国提出了战略国防倡议计划（Strategic Defense Initiative，SDI，即星球大战计划），以此为背景启动了 SP-100 计划，研发电功率 100 kW、寿期 7 年的空间堆电源，应用领域包括：天基激光器、中性粒子束系统、带电粒子束系统、动能武器系统、天基监视雷达、轨道转移飞行器的电推进系统。经过大范围的技术筛选，1985 年确定了锂冷快堆匹配温差发电作为 SP-100 的主技术路线，如图 4.9

图 4.8　SNAP-10A 电源

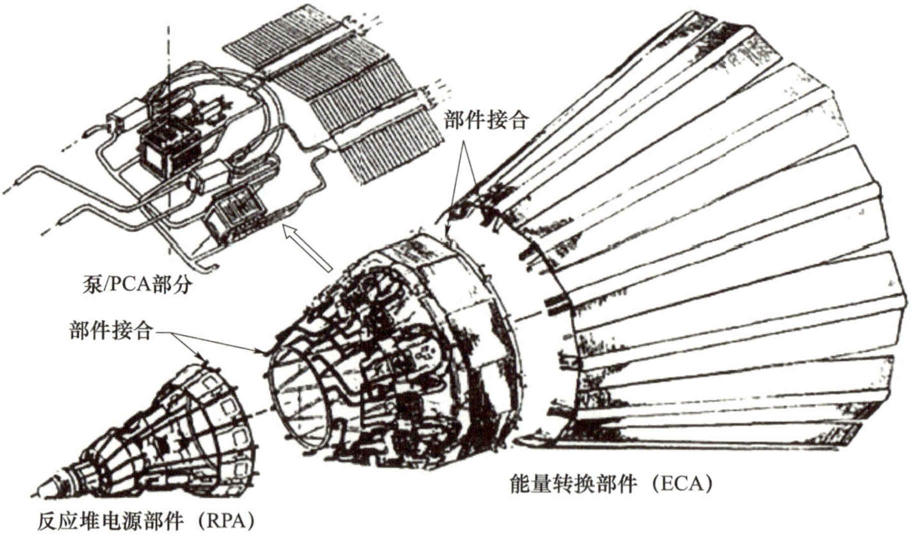

图 4.9　SP-100 电源

所示。NASA 研究表明，将 SP-100 与离子电火箭相结合可以携带 2 000 kg 的有效载荷用于火星轨道飞行器及火星卫星、小行星带探索和小行星样品返回。1994 年因冷战结束，空间堆电源失去需求牵引，SP-100 计划被终止。此时已完成了电源系统详细设计、燃料元件测试、部件制造和鉴定。

1990 年，美国战略防御计划局和美国空军组建“热离子系统评估计划”（后改称“TOPAZ 国际计划”），从俄罗斯租用了 6 个 TOPAZ-2 核反应堆电源以及“贝加尔”电加热试验台架，开展了 TOPAZ-2 电源的电加热非核集成试验，达到了掌握集成试验技术的目的，在热离子核反应堆电源方面形成了一定的技术储备。1997 年，TOPAZ 计划结束，6 个 TOPAZ-2 电源完整返还给俄罗斯。美国在实施“TOPAZ 国际计划”期间（1991—1994 年）提出装备有 TOPAZ-2 空间堆电源和不同形式的电推进器的实验宇宙飞船方案，目的是采用空间核电推进使宇宙飞船从辐射安全轨道（800 km）转移到地球同步轨道（36 000 km）。以 TOPAZ-2 电源技术为基础，美国开展了更大功率热离子堆电源的研究，与俄罗斯联合设计了 40 kW 的 SPACE-R 电源，但并未开展技术攻关工作。

（3）普罗米修斯计划

2002 年美国宣布太空核能新计划，即普罗米修斯计划。普罗米修斯计划的一项重点任务是开发 200 kW、寿期 15 年的空间堆电源，公开用途是为木星冰覆卫星轨道器（Jupiter Icy Moons Orbiter，JIMO）的电推进器和有效载荷提供电力。对多种反应堆方案进行评估后，选择了氦氙冷却快堆和布雷顿循环发电方案进行重点研究，开展了电源设计、运行特性模拟、堆芯材料开发与试验等工作。由于空间任务优先级调整和技术难度大等原因，该计划于 2006 年终止。

（4）太空技术路线图

NASA 于 2012 年和 2015 年两次发布太空技术路线图，提出 1 kW～10 kW 用于星球前哨站和替代同位素电池、10 kW～100 kW 用于星表有人基地和核电推进任务、兆瓦级用于载人火星探测的空间堆电源应用目标，如表 4.2、表 4.3 所示。据此，美国开展了经济可承受星体表面裂变电源系统（Affordable Fission Surface Power System，AFSPS）和千瓦级 Kilopower 电源研发工作。AFSPS 电源以电功率 40 kW、寿期 8 年为设计基准，目标是作为月球、火星等星体表面的可靠电源。该电源强调低技术风险和低成本，采用了成熟的钠钾冷快堆和斯特林循环发电技术方案。2016 年美国完成了 AFSPS 电源的非核集成测试。

表 4.2　美国空间反应堆电源系统技术路线图（2011 年）

	2011 至 2016 年	2017 至 2022 年	2023 至 2028 年
1.0～100 kW 裂变电源	非核系统示范 核临界示范	千瓦级科学任务— 50 kW 空间/表	千瓦级 科学任务
＞100 kW 裂变电源	1 MW 设计　1 MW 部件	1 MW 集成	兆瓦级 探索
探索任务			灵活路线机器人 任务—灵活路线 载人任务
科学任务		旅舰 1 号	旗舰 2 号

表 4.3　美国 2015 年《技术路线图》提出的空间反应堆电源

名称	描述	技术成熟度	技术程度目标	技术成熟化最短时间/a
1～4 kW 热电偶反应堆电源	采用热电偶转换，用于外行星任务和电推进任务	3	6	4

续表

名称	描述	技术成熟度	技术程度目标	技术成熟化最短时间/a
1～10 kW 斯特林反应堆电源	斯特林转换，可不受太阳光照影响提供电力	3	6	4
10～100 kW 斯特林反应堆电源	斯特林转换，可不受太阳光照影响提供电力	4	6	8
1～10 MW 空间反应堆电源	能在太阳系任何地点提供大量能源，主要用于核电推进，降低发射质量要求或缩短载人探索火星任务的周期	2	6	10
10 MW 以上空间反应堆电源	低比质量电源系统，用于核电推进，支持快速载人火星任务	2	6	10

为弥补钚-238 材料短缺造成的同位素电池能力不足，并填补千瓦级范围的功率空白，基于洛斯阿拉莫斯的多年热管反应堆研究基础，美国于 2011 年提出了 Kilopower 电源概念。Kilopower 电源功率范围为 0.5～10 kW，采用钠热管冷却反应堆方案，可匹配斯特林循环发电或温差转换。2018 年 3 月完成了 Kilopower 电源原型堆（Kilopower Reactor Using Stirling Technology，KRUSTY）28 小时满功率试验，KRUSTY 试验装置如图 4.10 所示。

4.1.4　核热火箭发动机

20 世纪 50 年代至 90 年代初，在美苏冷战的严峻背景下，考虑到相比化学能而言核能所具有的强大威力和潜力，在强烈的军事需求（洲际弹道导弹、轨道转移飞行、反导弹拦截、星球大战等）和航天技术竞赛（阿波罗载人登月计划、载人登火计划）驱动下，美国高度重视和支持核热火箭发动机技术的发展，先后实施了 ROVER/火箭飞行器用核发动机（Nuclear Engine for Rocket Vehicle Applications，NERVA）、GE 710、森林风（Timberwind）/空间核热推进（Space Nuclear

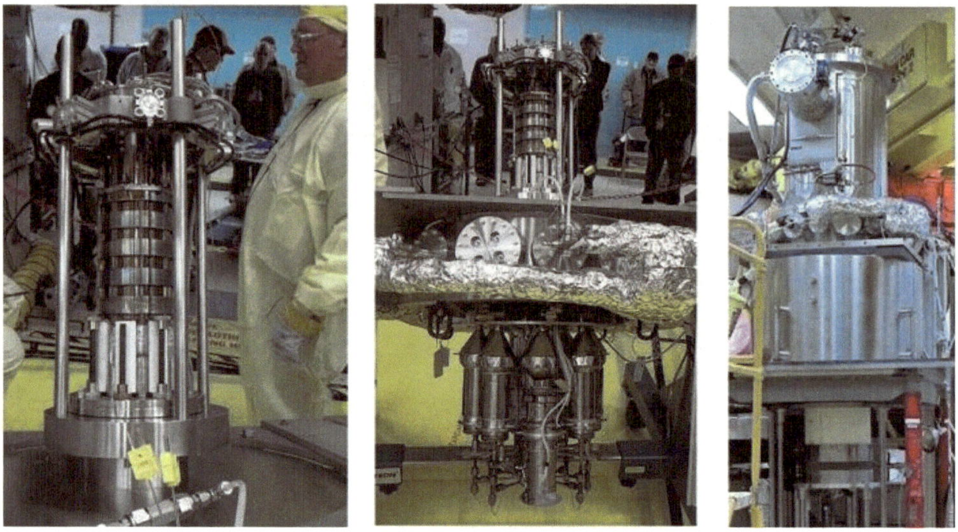

图 4.10　美 Kilopower 电源项目 KRUSTY 试验装置

Thermal Propulsion，SNTP）、太空探索倡议（Space Exploration Initiative，SEI）等计划，对核热火箭发动机技术开展了大量的研究工作，成立了专门的管理组织、研究团队以协调核工业和航天工业各个科研生产单位，投入了大量的人力、财力、物力，设计了多个发动机方案，研制出耐高温、耐氢蚀燃料元件，建成了地面试验设施，开展了反应堆和发动机整机地面试验，取得了很大的成就，但未开展飞行试验，与实际应用还有一定距离。冷战结束后，核热火箭发动机研发进入低潮，研发队伍萎缩，大量燃料生产设施、综合试验设施废弃。

目前，随着载人探索火星和小行星任务的提出，美国的核热火箭技术研究正在迅速复兴，实施核冷推进级（Nuclear Cryogenic Propulsion Stage，NCPS）/核热推进（Nuclear Thermal Propulsion，NTP）计划，但支持力度已远不如昔，主要恢复以往的燃料技术以及开展基础技术攻关验证。美国核热火箭发动机发展概况如图 4.11 所示。

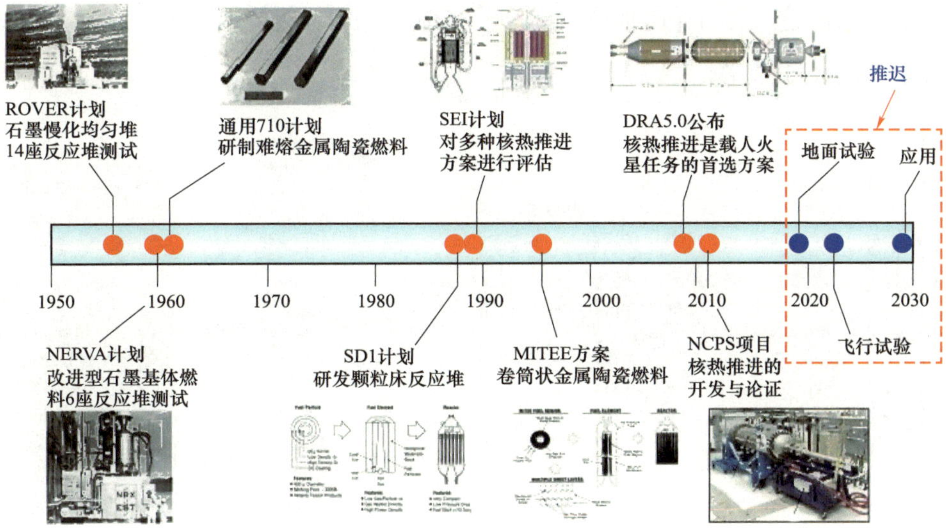

图 4.11　美国核热火箭发动机发展概况

（1）ROVER/NERVA 计划

美国于 1955 年启动了 ROVER 计划，致力于核热火箭的研究，拟应用于推进大型洲际弹道导弹。在开展载人登月工程后，美国于 1962 年又启动了 NERVA 计划，拟将核热火箭作为载人登月的推进动力。在 ROVER/NERVA 计划期间，美国成功研发了复合碳化物弥散于石墨基体的六棱柱型燃料元件，并通过加入含有氢化锆的支撑管元件提高中子慢化能力；建造并测试了 20 座地面反应堆，验证了燃料元件的耐高温性能、核热火箭发动机的持续运行能力和再启动能力，具备了开展飞行试验样机研制的技术条件。如图 4.12 所示。

在 ROVER/NERVA 计划进行期间，美国发起 710 计划，成功开发了金属陶瓷燃料元件（CERMET）。这种燃料是将 UO_2 弥散于难熔金属（钨、钼等）内，并制成带氢气流通孔道的六棱柱形状；元件表面和氢气孔道壁面涂覆钨或钨铼合金，以提高抗热氢腐蚀能力。CERMET 燃料在性能测试中展现了良好的耐高温性能、结构稳定性、滞留裂变产物能力和高温氢气相容性，成为核热火箭反应堆的重要候选燃料元件之一。阿贡实验室基于 CERMET 燃料完成了多种推力发动机的设计（见图 4.13）。

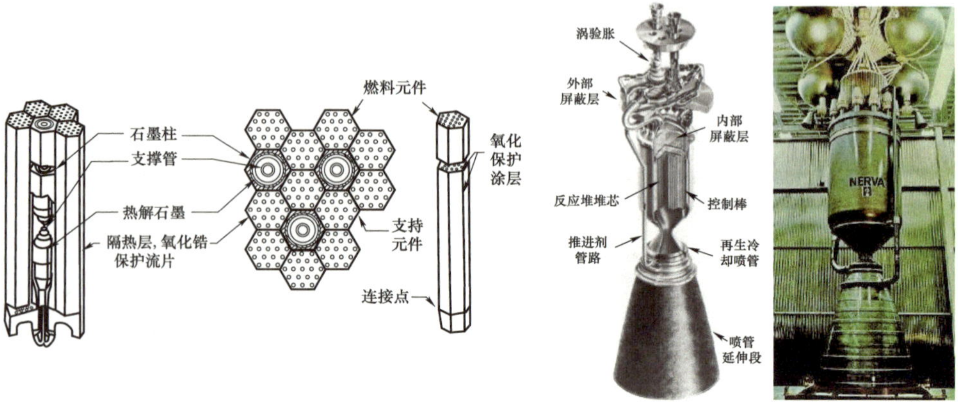

图 4.12　ROVER/NERVA 计划研发的燃料元件、发动机

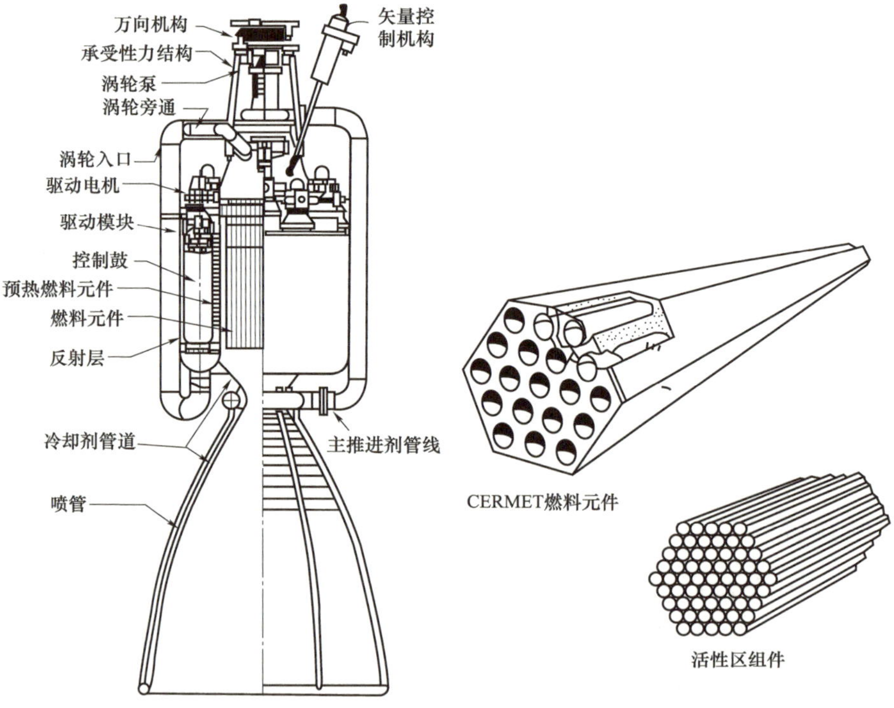

图 4.13　CERMET 燃料元件及发动机设计

20 世纪 80 年代至 90 年代初，美国设想使用核热火箭作为拦截弹道导弹和进行空间轨道转移的动力，1987 年制订了 Timberwind 计划，重点研发颗粒床反应堆（PBR）。颗粒床反应堆采用类似于包覆颗粒燃料构成燃料床。燃料床装于冷套管和热套管的同轴空间内。冷热套管和燃料床构成的燃料元件被装入六棱柱慢化剂块（LiH）内。工质从慢化剂块与燃料元件的间隙进入，沿径向依次通过冷套管、燃料床和热套管，最后沿燃料元件中心孔轴向排出堆芯。颗粒床反应堆燃料的表面积/体积很大，增大了换热面积，提高了功率密度；工质在燃料床内沿径向流动，缩短了流程，降低了流动阻力。PBR 虽然预期具有较高的性能，但至计划结束时，其可行性还没有得到完全验证，燃料的物理特性和热力学特性还需测试，工质在燃料床内的流动稳定性以及是否会出现不可接受的热点还需要评估。如图 4.14 所示。

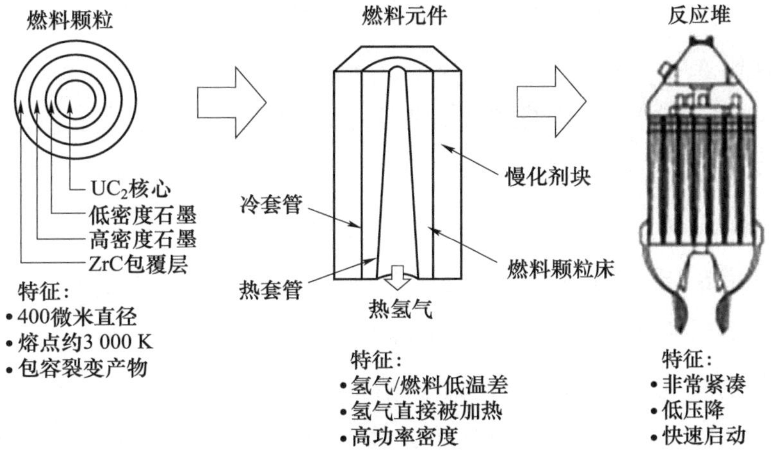

图 4.14　PBR 构成示意图

1989 年，美国发布太空探索倡议，提出重返月球并登陆火星。经评估认为核热火箭是载人登陆火星最理想的推进动力选择，并提出了发展模块式核热火箭系统的建议。模块式核热火箭系统即每个核热火箭发动机的大小、参数完全相同，使用不同数目发动机组合构成的核热火箭系统可以完成登月、登陆火星等任务。1990 年，美国国防部、能源部和 NASA 组织了联合专家小组对核热火箭概念方案、燃料、材料、试验设施等进行了评估论证，但未开展实质性研究工作。

（2）核低温推进级项目/核热推进项目

2010 年美国政府发布新版《国家太空政策》，提出载人登陆火星的任务目标。针对这一任务需求，美国于 2011 年重新启动核热火箭技术开发与论证工作（核低温推进级项目，NCPS），重点开展五方面工作：1）重新掌握核燃料工艺技术，制造两种燃料元件样品，即 NERVA 衍生的石墨基体复合燃料和 W-UO_2 金属陶瓷燃料；2）发动机概念设计；3）任务分析和需求定义；4）为地面测试找到经济可承受的方案；5）拟定经济可承受、可持续发展的发展战略。截至 2014 年，在燃料研究方面，橡树岭国家实验室开展了石墨基体复合燃料的工艺处理、元件制造和元件包覆等工作，爱达荷国家实验室和马歇尔飞行中心开展了 W-UO_2 金属陶瓷燃料的制造工艺开发，并进行了高温氢气环境测试；在试验设施方面，完成了燃料元件环境模拟器（Nuclear Thermal Rocket Element Environmental Simulator，NTREES）的升级改造，改造后该设施的加热功率达 1.2 MW，氢气流量可达 200 g/s 以上，氢气压力约 7 MPa，试验最高温度接近 3 000 K，可在接近原型反应堆功率密度的条件下测试燃料元件；在发动机概念设计方面，开展了 33 kN 和 111 kN 两种推力核热火箭发动机设计和建模仿真；在地面测试方案方面，研究了发动机测试排放物的地面处理和地下处理两种手段。

2015 年核低温推进级项目被重新命名为核热推进项目，并启动第二阶段的工作（2015—2017 年）。该阶段将继续进行发动机的建模、概念设计和运行要求定义；重点对石墨基体复合燃料开展单项效应测试（包括在 NTREES 进行测试、辐照考验以及辐照后检验）；对地面测试候选方案进行评估，并进行非核的小规模概念验证；形成支持10年内地面测试和飞行测试的经济可承受开发计划。为缩短开发周期，降低成本，地面测试和飞行测试都计划采用小型的小推力发动机（33 kN或73 kN），并采用通用燃料元件。采用通用燃料元件可通过增加燃料元件长度和数目的方式，将小推力发动机放大为大型发动机（例如111 kN）。

2017年后，美国核热火箭研究的重点逐渐转向采用低富集度燃料（富集度小于20%）。采用低富集度燃料无核扩散风险，可增强政治和国际接受度，消除因使用高富集度燃料带来的安保、费用和进度影响，可允许私营工业部门参与到研发活动中，增强项目灵活性。美国目前正在开展低浓铀燃料核热火箭发动机的可行性和可承受性评估，进行了多种低浓铀反应堆方案设计，并开展了小尺寸燃料元件制备工艺研究，试制燃料元件样件，进行堆外试验和堆内辐照试验。

2020年底，美国发布了太空政策指令6号《有关空间核电源与核推进的国家战略备忘录》，提出如下发展目标和路线图：21世纪20年代末，建立技术基础与能力，包括通过识别和解决关键技术挑战，使核热火箭方案满足未来的国防部与NASA任务需求成为可能。2021年初，美国能源部发布了《太空能源（计划）：能源部推进美国太空领导力的战略（2021—2031财年）》，报告提出：在2028年之前建立核热火箭相关的技术基础和能力（包括确定与解决关键技术挑战），使核热火箭系统方案满足美国国家航空航天局和国防部今后的任务要求。近期的任务主要有燃料开发、慢化剂开发、高温材料开发、反应堆设计和综合燃料系统的测试。

美国近期空间核推进（Space Nuclear Propulsion，SNP）工程中，整体核热火箭策略为：研发一个能够验证一种可行的NTP推进系统的小尺度核发动机，可升级拓展满足火星任务发动机需求。研发一种能够提供反应堆出口温度大于等于2 700 K的高丰度低浓铀（High-Assay

Low-Enriched Uranium，HALEU）固溶体燃料形式。小尺度核发动机推力10千磅力～15千磅力（45 kN～68 kN），比冲900 s。目标是2027财年前验证发动机（地面或飞行验证）。3个工业团队承担了阶段I原型反应堆开发工作，分别是BWXT、通用原子（General atomics）和超安全公司（USNC-Tech）。

4.1.5 吸气式核发动机

美国历史上对吸气式核发动机研究主要应用在两个方面，分别是核动力巡航导弹和核动力飞机。

（1）冥王星计划

1957年，美国开始实施“冥王星”计划，研发低空超音速巡航导弹（Supersonic Low-Altitude Missile，SLAM），该导弹采用核冲压发动机。美国在冥王星计划中先后制造了“TORY I-A”和“TORY II-C”两台核冲压发动机试验样机，TORY II-C（图4.15）功率更大，主要设计参数与导弹用反应堆非常接近。TORY II-C（图4.16）于1964年被研制出，并进行了地面试验。该样机以500 MW满热功率连续运行

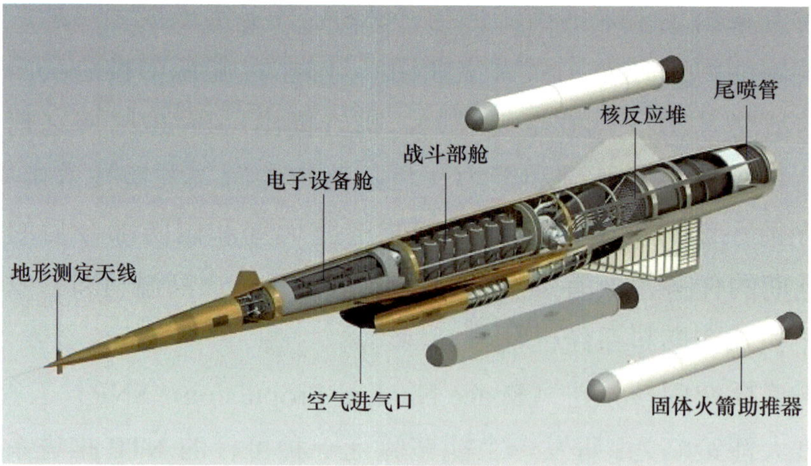

图4.15 美SLAM导弹（采用核冲压发动机）

接近 5 min，最大推力达 156 kN，出口温度 1 450 K。由于在测试、使用等方面存在放射性污染风险，且洲际导弹的研制获得突破，该导弹最终未开展飞行测试和装备应用。

图 4.16　美核冲压发动机试验样机“TORY II-C”

（2）NEPA/ANP 计划

美国发展核动力飞机主要为两个阶段。一是 1946—1951 年的核动力飞机（Nuclear Energy for the Propulsion of Aircraft，NEPA）规划，主要目的是研究核动力飞机的可行性。随后，美国又开展了为期 10 年的飞机核推进（Aircraft Nuclear Propulsion，ANP）项目，至 1961 年初美国空军和美国原子能委员会（Atomic Energy Commission，AEC）宣布取消该计划。ANP 项目中，通用电气公司负责制造开放循环反应堆，普惠公司负责制造封闭循环反应堆。通用电气公司的开放循环反应堆取得了丰硕的成果，进行了 HTRE-1、HTRE-2、HTRE-3 系列地面试验，且设计了 XMA-1、XNJ140E、XNJ140 等原型机，如

图 4.17～图 4.20 所示。

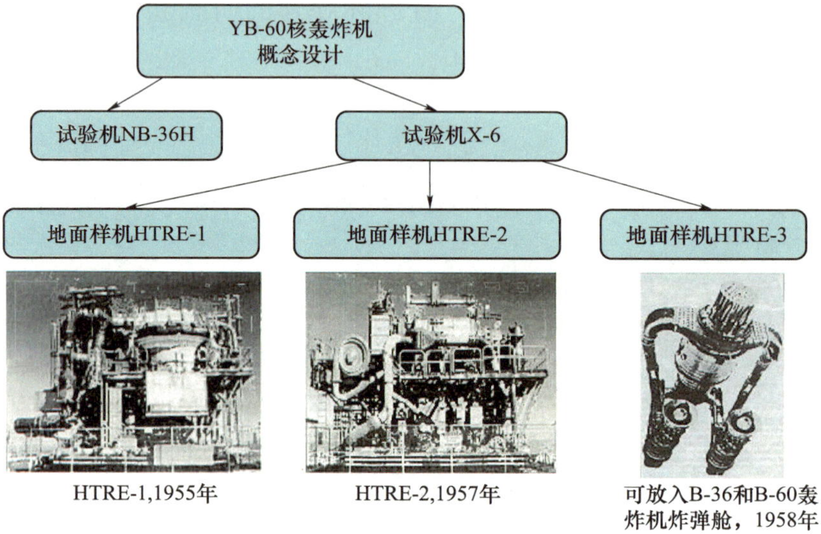

图 4.17　美国核动力飞机地面样机研发

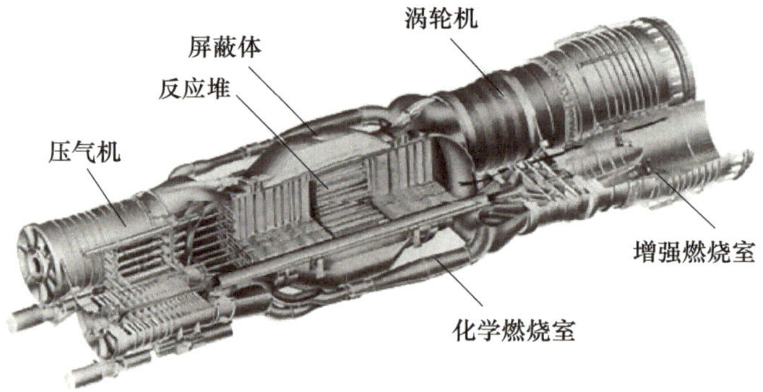

图 4.18　XMA-1 发动机结构

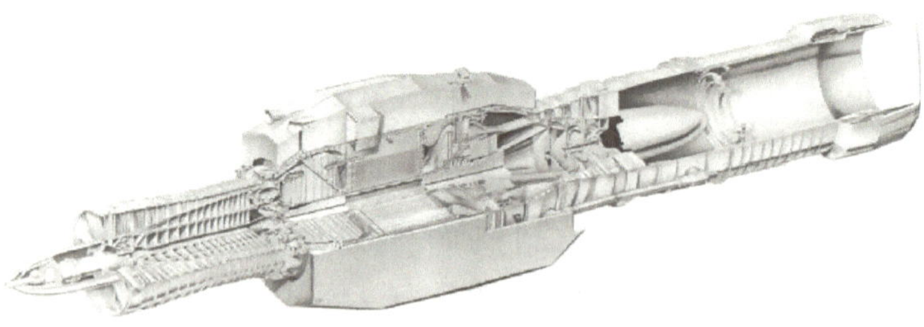

图 4.19　XNJ140E 发动机结构

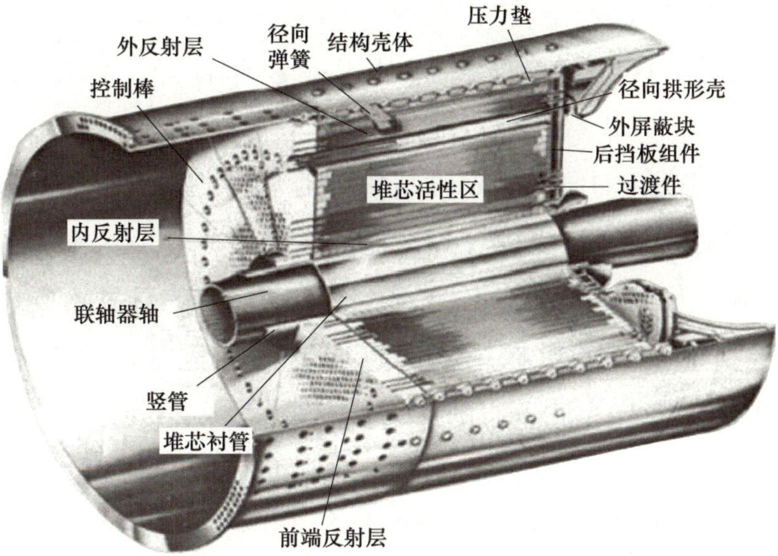

图 4.20　XNJ140E 反应堆

4.2　俄罗斯

苏联及后来的俄罗斯从 20 世纪 50 年代开始持续在核推进技术领域投入研发精力，部分核动力型号已投入实际应用，取得了丰硕的研究成果。

4.2.1　海基核动力

（1）核动力鱼雷

核动力鱼雷/UUV 计划始于 20 世纪 50 年代，由苏联“热核弹之父”安德烈·萨哈罗夫提出，1970—1973 年苏联进行了承载鱼雷的核能发动机的研究，提出涡旋式反应堆，核燃料采用直径为ϕ2 mm 的氮化铀球状微型燃料元件，发动机采用冲压喷射式推进器。涡旋式反应堆功率 1 000 MW，寿期满功率 2 h，尺寸 ϕ600 mm × 800 mm。微型核燃料元件的制造难度导致工作推迟。1973—1978 年，苏联转而开展制造带核弹头的核能发动机鱼雷的国家 5 年计划。1978 年停止了研制计划。

后来，苏联转向研制固定堆芯核鱼雷，不会产生核辐射尾迹，并于 1982 年完成了全部试验计划。但片状燃料元件所给出的最大功率仅为 8 MW，鱼雷的最高速度约为 43 m/s，没有达到技术要求。研制球形燃料固定堆芯的机械结构的核能发动机鱼雷成为新的尝试，1981—1993 年苏联及后来的俄罗斯分别进行了 ϕ2 mm 和 ϕ1 mm 的静止的微球燃料散装堆芯研究。到 1985 年已经制造出鱼雷，1986 年停止研制工作，ϕ2 mm 的微球燃料的核能发动机最大功率为 16 MW，鱼雷的最大行进速度达到 58 m/s（约 113 节）。库尔恰托夫研究院和水声研究所到 1993 年在没有国家资助的情况下一直进行私下小规模的研究，应用直径 1 mm 的微球燃料元件，以期把功率提高到 24 MW。

2015 年 11 月，俄罗斯两家国家电视台“意外泄漏”一份有关核鱼雷系统的秘密研发计划，武器系统名为“Status-6”。据悉，这种超大型核鱼雷战斗部长度约 6 m，直径为 1.6 m，供能装置为小型核反应堆，通过汽轮机驱动喷水推进器，推进功率约 750 kW，其速度可达 56 节（此前披露的速度高达 100 节），能在水下 1 000 m 的深度达到 10 000 km 的射程，且具备静音特性，其携带的热核战斗部 TNT 当量高达 1 000 Mt，被认为是俄军突破美国反导系统的一种“杀手锏”武器。

2018 年 3 月 1 日，俄罗斯总统普京在年度国情咨文中披露了一种新型战略核武器——携带核弹头的水下核动力无人航行器，经初步判断很有可能为“Status-6”（波塞冬）。如图 4.21 所示。

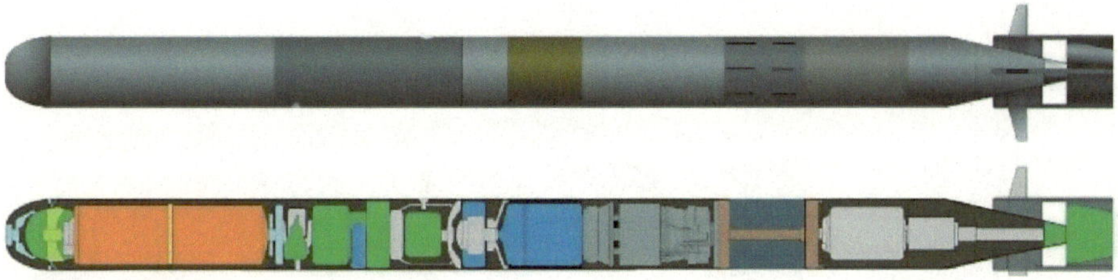

图 4.21　“Status-6”（波塞冬）核动力鱼雷/UUV 结构

（2）水下空间站

俄罗斯从 20 世纪 90 年代开始，基于核动力，曾开展过大型深海工作站、深海探测及作业平台等相关研究。20 世纪 90 年代开始，俄罗斯联合多国，开展了海洋油气开发新装备体系的论证与研究，这其中包括：核动力深海探测及作业平台、核动力水下供能平台、核动力水下钻井装备、核动力水下补给及作业平台、核动力水下天然气转运平台、水面破冰保障平台等，以完成水下勘探、钻井、补给、施工、应急维修、油气转运以及水面保障等作业任务。

图 4.22、图 4.23 分别给出了海洋油气开采装备体系和核动力深海探测与作业平台的构想。图 4.24 为水下核电厂。

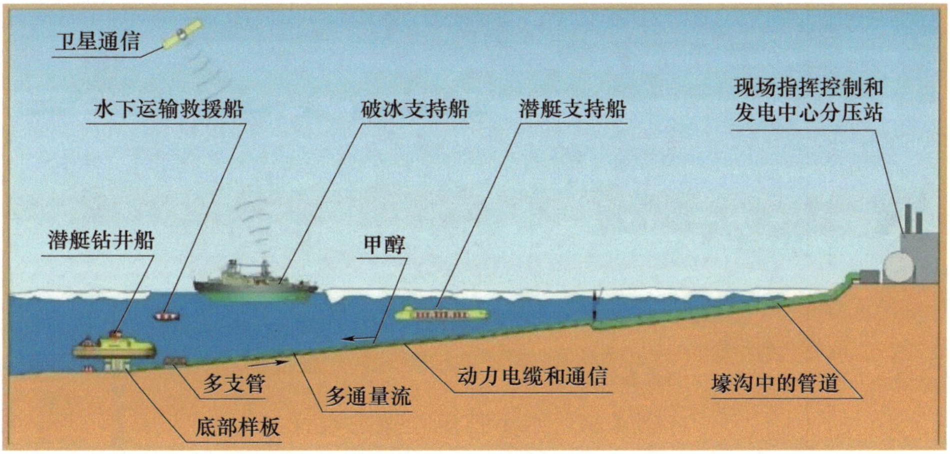

图 4.22　海洋油气开采装备体系设想

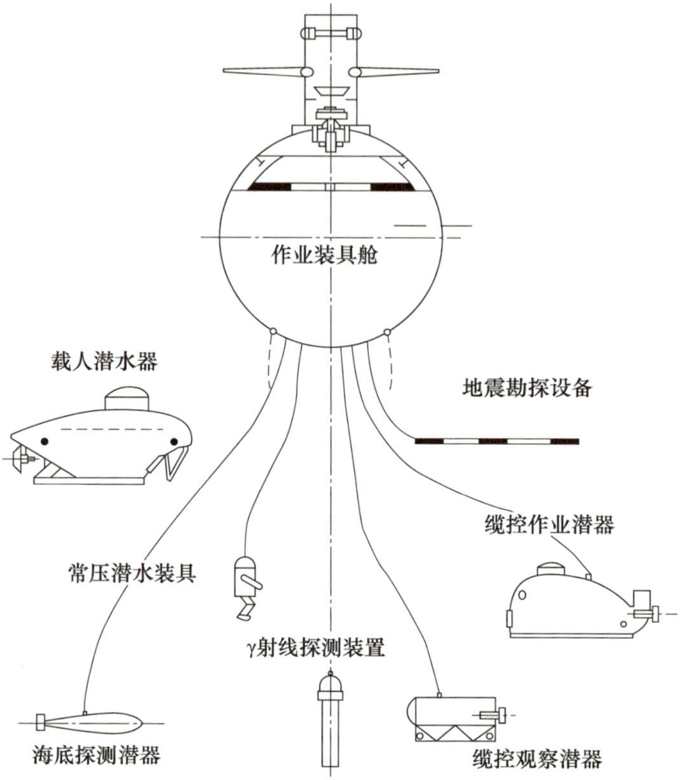

图 4.23　核动力深海探测与作业平台设想

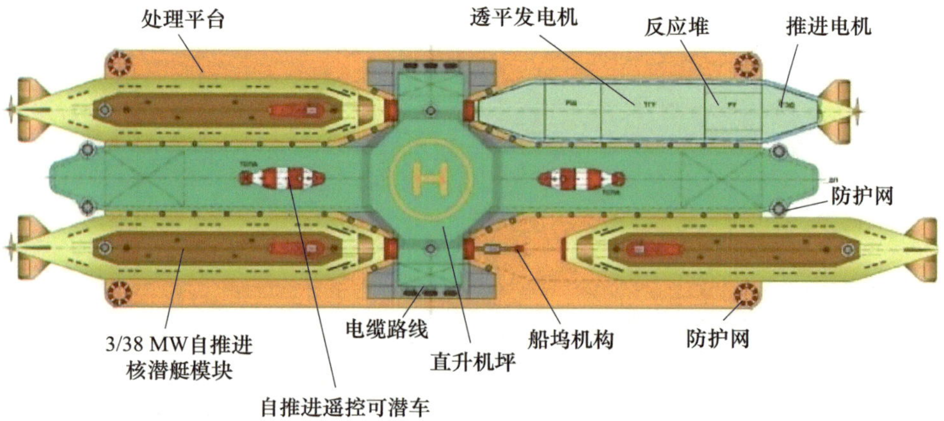

图 4.24　水下核电厂概念设计

其中深海探测与作业平台采用核动力装置，水下核电站装置具体参数不详。

（3）深海作业装备

为弥补在深海反潜数据搜集及经验的不足等考虑，苏联及后来的俄罗斯于 20 世纪 80 年代起至 90 年代中期建造服役了 1851、10831、1910 三型共计 7 艘深海核潜艇，下潜深度 700～1 000 m，采用钛合金承压壳体，目前全部在役。

7 艘深海核潜艇均采用 1 座压水反应堆核动力装置，热功率在 10 MW～15 MW，推进系统单轴布置。核潜艇总体参数及动力系统参数如表 4.4 所示。

表 4.4　苏联及后来的俄罗斯深潜核潜艇总体参数及动力系统参数

	1851 工程	10831 工程	1910 工程
潜深/m	1 000 m	1 000 m	700 m
主尺度	53 m（长）×3.8 m（宽）×4.2 m（吃水）	40 m（长）×6 m（宽）×5.1 m（高）	73 m（长）×6.1 m（宽）×5.2 m（吃水）
排水量/t	550（水面）/1 000（水下）	600（水面）/1 100（水下）	1 340（水面）/1 580（水下）
航速/kn	6（水下）	6（水下巡航）	10（水面）/28（水下）
人员编制/人	14	14	36
静音性能	—	接近海洋背景噪声	—
反应堆	压水堆（1 座）	压水堆（1 座）	压水堆（1 座）
反应堆热功率/MW	≈10	≈10	≈15

（4）海上浮动平台

俄罗斯的“罗蒙诺索夫院士”号浮动核电站 2018 年完成反应堆装料，经过运行测试后，2019 年 12 月首次并网发电，成为世界上首个商用浮动核电厂。该电厂装备的两座 KLT-40S 是基于破冰船用的 KLT-40 压水堆，单堆热功率 150 MW、电功率 35 MW，2020 年 5 月 22 日实现热电联供。反应堆有四个环路，采用直流螺旋管式蒸汽发生器、气体稳压器系统，具备多项安全特征。世界核协会认为 KLT-40S 是全球首座投运的小型模块堆。目前，俄罗斯已经启动第二代浮动核电厂（“优化浮动核电厂”）研发，其尺寸缩小、电功率提高，将装备 2 座 RITM-200M 反应堆，单堆电功率 50 MW。

（5）核动力破冰船

俄罗斯是世界上破冰船数量最多的国家，也是唯一拥有核动力破冰船的国家，与常规动力破冰船相比，核动力破冰船推进功率更大、续航时间更长、破冰能力更强，更适合在北极高纬度海域、严重冰况下长期作业。

“列宁”号为苏联第一艘核动力破冰船，于 1957 年首次下水，采用 OK-150 分散型布置压水堆，该船不仅是第一艘破冰船，也是世界首艘以核动力推进的水面船舰。“列宁”号为第一代核动力破冰船，主要进行北冰洋地区的考察和救援活动，在北海航线上执行破冰和引导运输船只任务。俄罗斯的“泰梅尔”级破冰船（2 艘）和“北极”级破冰船（6 艘）为第二代破冰船，该系列的最后一个核动力破冰船为“胜利 50 周年”号，这一系列破冰船能够满足北极地区的西部地区全年通航的需求。“LK-60YA”级破冰船为第三代核动力破冰船，该系列破冰船船型尺寸更大、动力更强，具有更高的破冰效率，该系列破冰船在北冰洋的浅海区和深海区工作，除了极地工作的使用，还可以使北冰洋上的船只通行，最高能保证 10 万吨级的货船畅行无阻。第四代“领袖”级破冰船则是设计用于北海航线全年载重超过 100 kt，宽度超过 50 m 的大容量运输船的领航。2020 年 7 月 6 日，俄罗斯远东“星星”造船厂开始建造世界上功率最大的“领袖”级破冰船“俄罗斯”号，按照合同规定，该船将于 2027 年交付运行。如表 4.5 所示。

表 4.5　俄罗斯核动力破冰船情况

分类	级别（项目）	名称	状态
1 代	“列宁”级 92M	“列宁”号	退役
2 代	“泰梅尔”级（10580）	“泰梅尔”号	在役
	“北极”级（1052/10521）	“北极”号（1052）	退役
		“西伯利亚”号（1052）	退役
		“俄罗斯”号（10521）	退役
		“苏联”号（10521）	退役
		“亚马尔”号（10521）	在役
		“胜利五十周年”号（10521）	在役
		“北极”号	在役
3 代	LK -60YA 级（22220）	“西伯利亚”号	在役
		“乌拉尔”号	在役
4 代	“领袖”级（LK-110YA/LK-120YA）	“俄罗斯”号	在建

4.2.2　陆基核电源

（1）陆上移动式核电源

20 世纪 50 至 80 年代，苏联在发展远程战略火箭后，将其布置在缺水少电的偏远地区。为此，需要开发一种满足特殊要求的小型核电源供火箭发射基地使用，该小型核电源可以车载，也可以通过海上或者铁路运输。为此俄罗斯研发并建成 3 座 2 型陆基核反应堆电源，目前已陆续退役。近期基于经略北极需要，正研发百千瓦/兆瓦级陆基核电源。

在这种背景下，20 世纪七八十年代，俄罗斯设计建造了可用 5 辆重型汽车装载所有发电设施的小型核电源 PAMIR-630 D（如图 4.25 所示），满足偏远地区的火箭发射基地供能需求。PAMIR-630 D 反应堆功率 4 950 kW，电功率 630 kW，80 ℃的 N_2O_4 进入反应堆，被加热成 7 MPa、506 ℃的蒸汽，然后进入涡轮机，驱动发电机发电。反应堆采用 ZrH1.9 作为慢化剂和反射层，采用六角形的燃料组件，共含 106 个燃料组件。

图 4.25　PAMIR-630 D 移动式核电源

核动力装置由 5 个模块组成，分别由 5 辆载重汽车运送。五个模块总重 230 t，可在 6 h 内组装发电。在五个模块中包括 20 t 的柴油发电机系统。装置拆卸需要 30 h。1985 年建成第一个示范装置。

俄罗斯建成的“PAMIR-630 D”车载核电源采用 N_2O_4 作载热工质，虽然可以简化系统设置、提高装置的效率，但 N_2O_4 的毒性太大、氧化性太强，对装置的维护和日常运行管理提出了很大的挑战。在对俄罗斯专家的咨询中，俄罗斯专家认为车载核电源采用 N_2O_4 作载热工质的探索工作是不成功的，若俄罗斯要继续开发车载核电源技术，将采用以水为工质的压水堆技术。

据俄罗斯媒体新闻报道，俄罗斯国防部下令再次实施小型军用核电厂的试点项目，正在研发新一代的用于北极基地的车载核电源，研究 100 kW 和 1 MW 两种，目前公布的概念方案有 ATGOR 气冷堆（图 4.26）和 Vityaz 压水堆，可通过雪橇、卡车、米-26 直升机等部署。

图 4.26　俄罗斯 ATGOR 车载气冷堆概念方案

（2）陆上模块化小型堆

近年来，俄罗斯计划开发 2 座创新型液态金属冷却快堆（铅冷却 BREST-OD-300 和液态铅铋合金冷却 SVBR-100）及其相关燃料循环和 1 座新型钠冷多用途研究用快堆（MBIR）。SVBR-100 为一体化设计，蒸汽发生器和反应堆堆芯都位于一个铅-铋冷却剂池内。它将在工厂组装，形成一个直径 4.5 m，高度 7.5 m 的模块进行运输，安装在现场的一个使其能够被动散热和辐射屏蔽的水箱中。

4.2.3　空间堆电源及核动力

在空间堆电源及核电推进方面，俄罗斯开发了 4 个主要型号；2009 年提出兆瓦级核动力飞船计划。俄罗斯主要采用液态金属堆匹配热离子发电及氦氙气冷堆匹配布雷顿循环发电的技术方案。俄罗斯空间堆电源及核电推进发展概况如图 4.27 所示。

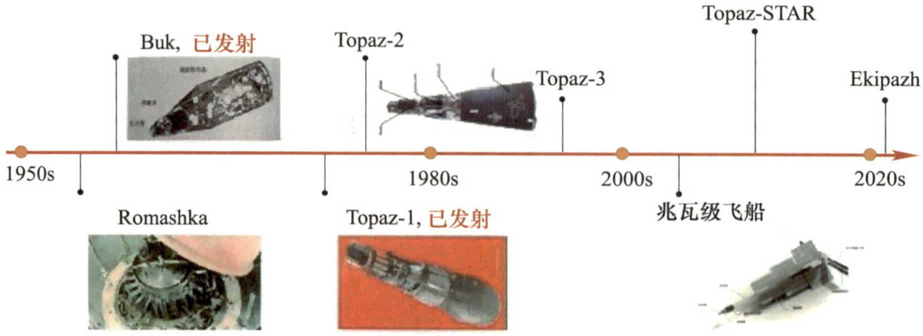

图 4.27　俄罗斯空间堆电源及核电推进发展概况

（1）Romashka 计划

1961 年苏联政府决定研制和试验一种小型空间堆电源，即 Romashka 电源。该电源采用石墨直接导热快堆匹配温差转换的技术方案，电功率 500 W。1964 年 8 月开始，Romashka 在专门装置上进行了 2 年的功率试验，证实了寿期特性。

（2）BUK 空间核反应堆电源

研究 Romashka 电源的同时，苏联开展了 BUK 型空间堆电源的研发工作。该电源采用钠钾冷却快堆匹配温差发电方式。BUK 型空间堆电源电功率 3 kW，寿期 3～6 个月。从 1967—1988 年，苏联共发射了 35 个 BUK 型空间堆电源，成功 33 次，未入轨 2 次，从轨道返回 2 次（包含在 33 次内）。BUK 主要用于宇宙号侦察卫星，最长任务持续时间 135 天，在监视美国舰艇方面发挥了重要的战略作用。

（3）TOPAZ 系列空间核反应堆电源

从 60 年代开始，苏联还积极开展了热离子发电的 TOPAZ 系列电源的研发，如图 4.28 所示。TOPAZ-1 电源功率 5 kW，采用钠钾冷却热堆匹配热离子发电的方案。1987 年共有两个 TOPAZ-1 电源在宇宙号卫星上完成了飞行试验，并成功进行了霍尔推进试验，在轨运行的记录时间超过 2 个月，证明了核电推进的可行性。TOPAZ-2 电源与

图 4.28　TOPAZ-2 空间堆电源

TOPAZ-1 电源类似，功率 5 kW，所不同的是，对热离子发电元件结构进行了改进以便开展电加热试验。苏联共研制了 30 个 TOPAZ-2 全尺寸样机，完成了所有地面试验与考验，整机考验 14 000 h。在苏联解体后，由于经费投入大幅缩减，空间堆电源的研究开发只能在小规模下发展。进入 90 年代以后，俄罗斯利用 TOPAZ 系列多年研发和运行形成的技术基础，相继提出了 TOPAZ-3 电源方案和 TOAPZ-STAR 热离子堆电源方案。目前，俄罗斯热离子技术发展较为成熟，转换效率显著提升，公开资料显示其创新型热离子技术已实现 15% 转换效率。

（4）兆瓦级核动力飞船

2009 年 10 月，俄罗斯宣布投资 170 亿卢布（约 6 亿美元）开发兆瓦级核动力飞船。该核动力飞船使用核电推进，电推进比冲大于 7 000 s，采用超高温气冷快堆匹配布雷顿循环发电的核电源方案，电功率 1 MW，服役寿期 12 年以上。俄罗斯于 2012 年完成了兆瓦级核动力飞船的草图设计，2014 年完成了冷却剂试验、燃料元件辐照考验，2018 年开展了液滴式辐射器地面测试。据最新消息称，俄罗斯将在 2030 年开展兆瓦级核动力飞船的空间飞行试验。如表 4.6，图 4.29 所示。

表 4.6　俄罗斯/苏联空间核反应堆电源研发情况

年代	名称	功率/kW	寿命/年	重量/t	状态	备注
1960—1980	Buk	2.5	1	0.9	成功发射 33 次	快堆，钠钾冷却，温差发电
1970—1980	TOPAZ-Ⅰ	5	1	1	成功发射 2 次	超热堆，钠钾冷却，热离子发电
	TOPAZ-Ⅱ	5	3	1	完成地面试验	超热堆，钠钾冷却，热离子发电
1990	TOPAZ-Ⅲ	40	7	3	完成设计和关键技术攻关	超热堆，钠钾冷却，热离子发电
2000 开始	TOPAZ-STAR	50/100	7	4.25	完成设计和关键技术攻关	超热堆，钠钾冷却，热离子发电
2000 开始	兆瓦级飞船	1000 级	12	6.8	关键技术攻关	快堆，氦氙冷却，布雷顿发电

4.2.4　核热火箭发动机

俄罗斯于 1958 年开始了核热火箭研究计划。俄罗斯在核热火箭技术上取得的显著成就是建造了三座专用试验堆、研制出耐高温的燃料元件、设计建造了多个核热火箭发动机、开展了双模式核热火箭系统研究。俄罗斯核热火箭发动机发展概况如图 4.30 所示。

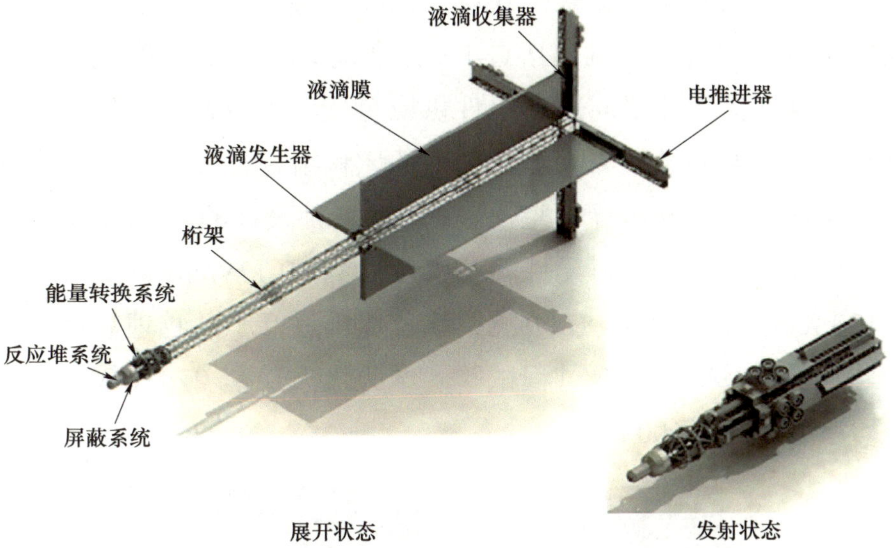

图 4.29　俄兆瓦级空间堆电源

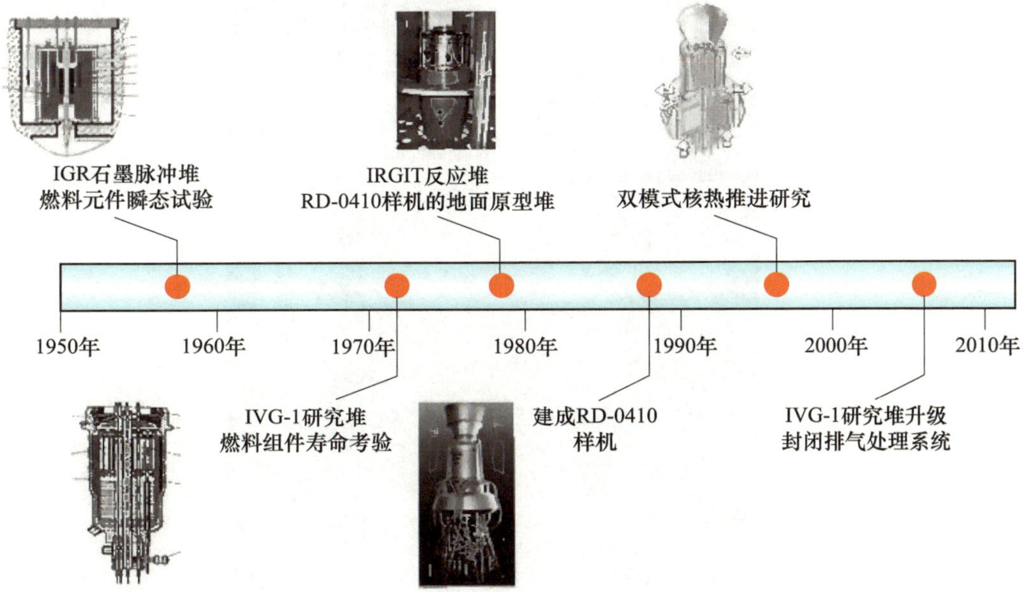

图 4.30　俄罗斯核热火箭发动机发展概况

IRGIT 反应堆（图 4.31）是俄罗斯 RD-0410 核热火箭发动机的地面原型堆，于 1961 年开始运行，并在该堆上完成了核热火箭反应堆燃料和材料的堆内辐照试验，获得了在高温氢气和强辐照环境下的有关性能参数。试验反应堆（IVG-1）是非均匀气冷的水慢化反应堆，有独立的氢气供气装置向燃料组件供应氢气，于 1975 年开始运行。在 IVG-1 反应堆上对核热火箭反应堆的燃料组件开展了多种功率水平下的寿期试验和加速运行试验，包括 10 多种设计的约 300 个燃料组件和 7 个堆芯方案。燃料元件释热密度达到 20 kW/cm^3，氢气温度达到 3 100 K，加热速率达 150 K/s。该反应堆进行了从物理启动、功率运行直到试验后检验的全过程试验。试验最大功率 270 MW，堆芯出口平均温度超过 2 600 K。

图 4.31　俄罗斯核热火箭原型堆 IRGIT

在燃料方面，俄罗斯重点开发了耐高温、耐氢蚀的三元碳化物燃料（UC-ZrC-NbC）。这种燃料制成扭条状的元件（类似于钻头形状），并由多根元件构成燃料棒束，而 6 到 8 个棒束轴向排列构成一个燃料组件。这种燃料元件具有较大的换热面积，改善了燃料和工质之间的传热；燃料熔点高、导热系数大、与高温氢气相容性较好，工作温度高。在进行的燃料元件/燃料组件试验中，功率密度最高达到 35 MW/L，最高运行温度达到 3 200 K，在工质温度 3 100 K 条件下持续了 1 h，在工质温度 2 000 K 条件下持续了 4 000 h。俄罗斯在 21 世纪初期还开发了碳氮化物核燃料，并进行了 2 800 K 下 100 h 的试验，性能得到了验证。这种燃料也将成为核热火箭反应堆的备选燃料之一。如图 4.32 所示。

根据燃料元件/组件的试验结果，俄罗斯设计了大量核热火箭发动机，其中开发程度最高的是 RD-0410 样机。RD-0410 样机在试验台架上开展了电加热试验，其地面原型堆（即 IRGIT 反应堆）进行了数次功率试验。这些试验证实了采用的结构方案、工艺方案和材料方案的正确性，证明了建造核热火箭装置的可行性。

从 20 世纪 90 年代末到 21 世纪初，俄罗斯参与国际科学技术中心（MNTTS）的第 2120 号项目，着眼开发具有几十千牛顿推力和几十千瓦电功率的电源推进综合体，用于空间载人飞行。在该项目中，俄罗斯设计了代表其最高技术水平的双功能模式空间核推进系统。由于投资规模的缩减，该双模式核动力系统的研发只能在科学研究的水平上开展，未进行有关实验研究。

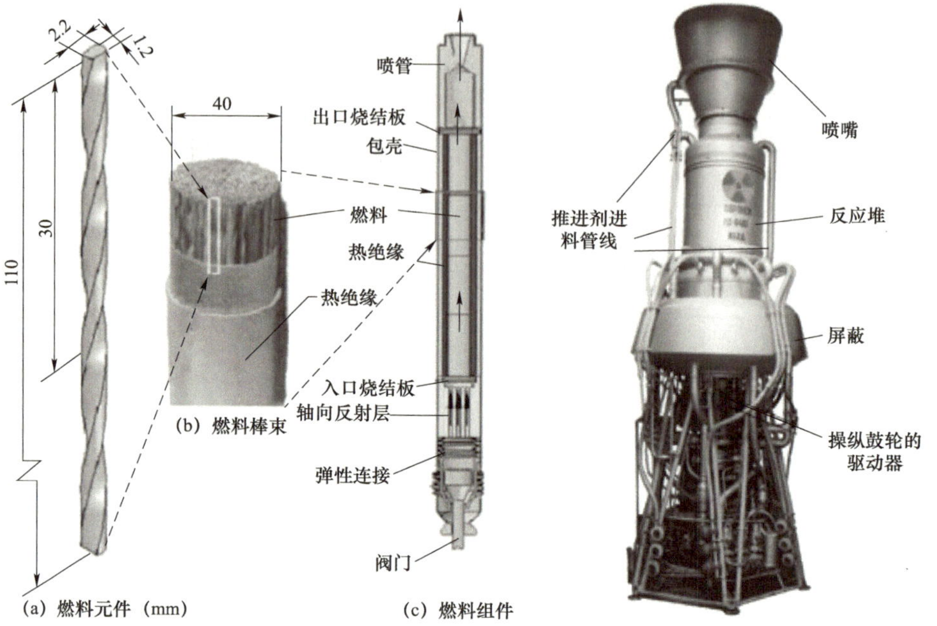

图 4.32　三元碳化物燃料组件及 RD-0410 样机

4.2.5　吸气式核发动机

俄罗斯吸气式核动力发动机研究主要包括两个方向：核动力巡航导弹及核动力飞机。

（1）核动力巡航导弹

20 世纪中期，俄罗斯就实施过洲际核动力巡航导弹“375”计划，由拉沃奇金设计局负责研发，但没取得显著进展，并因拉沃奇金的去世而终结。俄 20 世纪中期及最新的核动力巡航导弹的研发，目前缺乏可靠的技术资料。

2018 年 3 月 1 日，俄罗斯总统普京在年度国情咨文报告中宣称，俄罗斯已研制出新型核动力巡航导弹（图 4.33），并于 2017 年底成功试射，核动力发动机达到设计功率，提供了必需的推力。据美国情报机构称，俄罗斯“海燕”核动力巡航导弹将在 2025 年前准备就绪。该导弹具备地形匹配、难以侦测、航程近乎无限、飞行轨迹多变等特点，一般携带核弹头，执行战略任务。他国现有和研制中的反导系统很难将其探测并击落。该消息一经发布便在国际社会引起巨大反响。

图 4.33　俄罗斯新型核动力巡航导弹

（2）核动力飞机

俄罗斯在实施“375”计划的同时，还开展了多种吸气式核动力发动机的研制工作，包括闭式和开式循环在内的涡轮喷气核动力发动机、核冲压发动机等，设计了装备涡轮喷气核动力发动机的 M30、M50、M60（图 4.34）等核动力飞机，其中建造了携带有反应堆（不作为推进动力，仅用于开展辐射防护等试验研究）的“Tu-95LAL”飞行实验室（图 4.35）及“An-22 No 01-07”试验飞机，并分别进行了 34 次和 23 次搭载飞行试验。

图 4.34　核动力飞机 M60 设计方案

图 4.35　携带有反应堆的“Tu-95LAL”飞行实验室

流尔基设计局提出了 2 种核发动机布局方案（图 4.36），其中“同轴”方案是指反应堆布置在燃烧室内，连接压气机和涡轮机的轴穿过反应堆所在的燃烧室，即压气机、反应堆和涡轮机基本布置在同一轴线上；而“异轴”方案则具有弯曲的空气流道，能把反应堆放到压气机和涡轮机的轴外，即压气机、涡轮机和反应堆布置在不同的轴线上。这两个核发动机布局方案各有优缺点，米亚斯谢夫设计局在设计核动力飞机时均尝试采用。

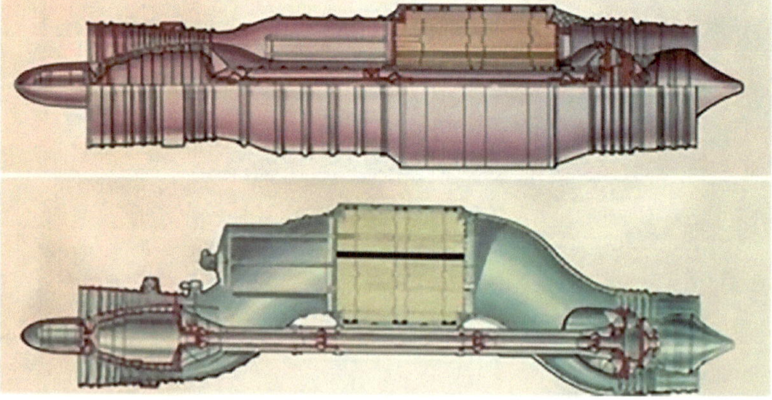

同轴布置与异轴布置

图 4.36　俄罗斯涡轮喷气核动力发动机

第五章　微小型核动力面临的技术挑战

微小型反应堆核动力的工作环境特殊，对体积、重量要求极为严苛，由此带来了高温化、轻量化、小型化、能量转换高效化、运行控制自主化、免维修维护、高安全可靠等极端要求，在系统设计、技术研发、试验测试等方面与核电厂、大型舰船核动力等常规核动力存在明显差异。虽然微小型反应堆核动力有诸多应用图像，但仍面临着很多技术挑战，制约着其更大范围应用与发展。微小型反应堆核动力面临的技术挑战如下。

5.1　轻量化、小型化

轻量化、小型化设计是飞行器、潜航器或运载工具等核动力装备设计永恒的目标，这一设计理念贯穿其始终。微小型反应堆核动力实际上就是飞行器、潜航器或运载工具的一个分系统。因此，对微小型反应堆核动力的体积、质量及结构均有严格的要求，不仅要求质量轻、体积小，其结构布局也需满足飞行器、潜航器或运载工具的整体设计要求。典型压水堆堆芯的体积通常有上百立方米，重达数百吨，且功率水平、安全性能的提升基本不受体积重量方面的约束，而微小型反应堆核动力的体积重量始终受到严格限制，一旦其体积重量超过限值，无论其他性能如何先进也不具备实际应用价值。

首先在结构材料选型上需实现轻量化、小型化，结构材料最基础的作用就是承受和传递载荷，所选材料必须强度高、模量大、韧性好，须在不降低材料性能的前提下追求轻量化。其次在堆型、燃料选择上也需实现轻量化、小型化，选择快堆堆型，以保证堆芯体积小；同时，实现较长的寿命，更好的可控性；采用高富集度的燃料，以减少燃料装载量，减少堆芯质量及尺寸；选择合适的高径比，以保证最小的反应堆临界体积。

5.2 超长航时航程

每次核裂变反应释放出的能量比化学反应高很多，核反应堆只需装载稍多于临界质量的核燃料就能满足长时间工作的需要，从而实现超长航时航程。航时航程的限制因素主要是燃料、材料及设备的长期服役性能。

5.3 堆芯温度高

为减少微小型反应堆核动力的质量，提高其性能指标，要求微小型反应堆核动力出口温度远超过传统陆地压水堆，且在服役周期内尽量不进行或因客观条件限制而无法进行维修保养。

这种运行条件对燃料元件包壳材料、堆内结构材料、热传输管道材料等提出了耐高温、抗辐照、抗蠕变等要求。此外，为了适应微小型反应堆核动力高出口温度的要求，需要选择气体介质或者沸点高、熔点低的液体介质作为冷却剂。从与材料相容性、中子吸收特性、经济性等诸多方面考虑，目前选择了钠钾合金、锂、铅铋、氦氙气体、氢气、空气等作为微小型反应堆核动力的冷却剂。这些冷却剂以往在反应堆工程中应用很少，高温热物性等基础数据不全，需要开展大量的研究工作。

5.4　热排放高效化

地面核电厂的最终热阱是大气或江河湖泊，由于没有体积重量的限制，可以设置庞大的冷却塔采用热对流或热传导的方式排出废热，而微小型反应堆核动力多运行在深海和空天环境中，废热排放条件相对来说要恶劣得多，开发高效的热排放系统是提高系统整体性能的重要途径。特别是应用于空间的微小型反应堆核动力，运行在超高真空环境下，没有介质通过对流或传导的形式实现废热排放，只能以辐射形式与宇宙太空环境进行热量交换。较对流换热和热传导，辐射散热的效率较低，辐射器在整个系统中占有较大的体积份额和质量份额。提高辐射散热效率，可以有效减小所需辐射器面积和质量，从而提高系统的整体性能。需要注意的是，提高热排放温度也可以减小辐射器面积和质量，但同时会带来系统效率的降低或堆芯温度的升高，从而影响系统整体性能或增大堆芯研发的难度，因此，热排放温度的提升是有一定限度的。

5.5　能量转换高效化

能量转换系统（包括动力转换系统、热电转换系统等）是微小型核动力的关键子系统。提高能量转换效率可以提高净输出动能或电功率，或降低整个系统的体积和重量，显著提高系统的总体性。

5.6 运行控制智能化

由于微小型反应堆核动力应用过程中远离地面基地控制平台，具有很长的通信时延或中断，传统的控制技术依赖地面人员决策，很难满足实时控制要求，需要实现自主智能控制，保证装置的长期可靠运行。目前的地面常规反应堆控制大多是自动化控制，同时需要专业的操纵员，如何提高自主程度，使其从“自动化控制”进化到“无人自主智能控制”是需要攻克的关键技术。

5.7 安全可靠性要求高

安全可靠性是核动力装备的生命线，提高安全可靠性要依靠设计、制造和管理，要从全生命周期、全任务剖面下功夫，设计水平和质量是保证系统安全可靠性的前提和基础。

微小型反应堆核动力核与辐射安全的基本要求是在任务期间确保所有可信事故场景下维持其次临界状态，事故放射性后果满足相关法规限值要求。在地面开发阶段，如建设地面模式堆或地面孪生堆需遵守相应国家有关反应堆设计、建造、运行、退役的核与辐射安全法规标准，需遵守相应国家分阶段审评许可的监管体系。在发射/下水、启动、运行及寿命终结阶段，微小型反应堆核动力较地面开发阶段有不同的安全设计理念和要求，需要考虑不同的外部事件、放射性包容要求、事故场景、核应急要求等，目前国际上还未形成完整、系统的核与辐射法规标准体系，也没有统一的核与辐射安全监管和核应急管理体系，是待研究的重要内容。

微小型反应堆核动力执行任务过程中处于长期无人值守状态，与地面常规核反应堆相比，可靠性要求更高，在设计理念上有所不同。一般来说微小型反应堆核动力不希望通过硬件冗余设计来提高可靠性，因为硬件冗余将会增加体积和质量；也不能通过维修来提高运行可靠性及寿命，因为几乎不可维修；尽可能避免采用运动部件，因为运动部件可靠性及寿命一般不如非运动部件；同时需着重关注元器件及设备的固有可靠性及应用可靠性。

5.8　试验验证难度大

微小型反应堆核动力技术属于高新技术，涉及堆芯物理、热工流体、材料诊断、测量控制、辐射防护等多个学科，系统物理现象复杂，研发难度大、周期长，可从常规核反应堆技术中参考的设计与工程经验有限，研发过程中需通过不同阶段、不同规模的试验验证来支撑理论设计手段与方案的优化固化，掌握各系统部件间的耦合性能，试验验证是微小型反应堆核动力技术从实验室走向工程化的必经路径。用于提供动力的微小型反应堆装置堆芯功率密度高、运行温度高、辐照通量密度高、采用特殊冷却剂，试验验证条件苛刻。此外，试验过程中存在的放射性、高温、碱金属、真空等环境要素也极大增加了试验验证难度。现有试验设施和研究堆难以完全满足试验验证条件，需要建设性能高、功能多样、规模更大的试验台架、高通量研究堆和特种实验堆开展试验验证。

第六章　应用图像

分析全球发展历史、现状与趋势，微小型反应堆核动力按照用途、使用区域、能源作用等不同角度有不同的分类方式，下面按照不同的分类方式给出，见表 6.1。

表 6.1　特种微型反应堆核动力分类

分类性质	按用途	按使用区域	按能源作用
	◆深海核动力 ◆水下核反应堆电源 ◆核动力鱼雷 ◆无人驾驶潜艇核动力 ◆千瓦级至兆瓦级空间核反应堆电源 ◆星球表面核动力能源平台 ◆空间核热推进/核动力火箭 ◆核动力飞机发动机 ◆车载核电源	1. 陆地 移动式小型核动力、车载核电源、固定式小型核动力、核能综合利用 2. 海洋 核动力破冰船、海上浮动平台、深海核动力、水下核反应堆电源、核动力鱼雷、无人驾驶潜艇核动力 3. 空间 千瓦级至兆瓦级空间核反应堆电源、星球表面核动力能源平台、空间核热推进/核动力火箭 4. 天空 核动力飞机发动机	1. 动力推进型 核动力鱼雷、无人驾驶潜艇核动力、空间核热推进/核动力火箭、核动力飞机发动机 2. 电源供给型 深海核动力、水下核反应堆电源、千瓦级至兆瓦级空间核反应堆电源、星球表面核动力能源平台、车载核电源

6.1　海基应用

6.1.1　核动力鱼雷

常规动力鱼雷是海战中常用的战术武器之一，利用化学燃料作为推进动力。由于化学燃料的固有限制，常规动力鱼雷具有速度慢、航程短等缺点。核动力鱼雷相当于水下核火箭，利用核能作为鱼雷推进动力。由于核能能量密度大、在不需要消耗氧气等工质下就能够持续长时间地发出巨大的能量，使得核动力鱼雷具有运载量大、速度快、航程长等优点，既可搭载常规炸弹，也可搭载核弹头。与常规动力鱼雷相比，核动力鱼雷有望将航速提高几倍，航程提高几十倍甚至上百倍。其应用原理为：通过核反应堆产生大量热能，这些热能将海水加热为高温高压蒸汽，混合海水向后高速喷射，使鱼雷获得巨大且持久的推进力。

核动力鱼雷类（含 UUV）是利用核动力能量密度大的优势，使得水下武器/装备具有“无限航程”，具有以下特点：水下武器航程可达 10 000 km 以上，覆盖全球水域；侦察与打击一体（察打一体）；可隐蔽潜伏，突然攻击敌国海岸线或航母战斗群；无人值守，远距离控制；相比潜艇：体积小、潜深大、噪声低、可无人长期潜伏、造价低、可大量部署、单点突防能力强。

6.1.2 水下核电源

水下核能源网络类是指用于水下作战平台、水下武器、水下信息网络、水下资源开采等能源供应，相当于“水下充电桩”或“水下充电宝”。其中，能源方面主要集中在“水下核电源”的研究。

“水下核电源”是指在水下一定深度进行发电，为各类军用设备或工作平台供电的核反应堆装置。应用原理比较简单，实际上相当于水下的核电厂，由于核反应堆能量密度大，不需要消耗助燃剂的情况下就能长期发出大功率的电能，具有长期稳定、大功率运行等优点。水下微型核电源要求在 200 m 水下工作，体积小，重量轻，可连续满功率运行 1 年以上。

在资料调研过程中，暂未发现国外水下核电源在军用领域的相关信息。在民用领域，主要用于水下供电（水下核电厂）、科研考察等，美国、俄罗斯、法国、日本基于上述需求，均开展过水下核电源的相关研究，但截至目前，均处于概念设计或设计研究阶段。

6.1.3 深海作业装备

深海作业装备是一类大潜深的载人或无人深海运载装备，可不受海面恶劣风浪环境制约，长周期、全天候在深海域进行水下军事作业，可执行海底无人作战系统和水下信息网络的布设、维修、回收、能源补充等深海作业，并直接执行情报收集、海底考察、海底救援等任务。为满足深海作业装备在深海域长期执行水下军事任务需求，从中、长期来看，采用核动力是唯一的选择。

深海作业装备核动力技术是技术密集、涉及学科广泛、系统复杂、使用要求高的技术领域。深海装备核动力技术需要满足深海装备的功率需求和使用要求，具备适应深海装备潜深大、吨位小、载人少、作业时间长等特点。

利用核动力开展深海作业，包括海底操作、情报和取证、信息作战、搜索等，具有少量载人、作业工况多，任务剖面多、搭载大量水下操作工具、1 000 m 大潜深等特点。

6.1.4 海上浮动平台

海底拥有丰富的石油储量，开发海洋资源，必须建设解决能源、淡水等的安全稳定供给。目前主要采用油田伴生气和原油发电，存在资源供应短缺、海洋环境污染、供给成本高等困难。核能是现阶段的现实可行选择，小型堆无疑是一个很好的水热电联供系统，海上核动力浮动平台是指利用浮动平台（船舶、海洋工程平台等）建造的可移动核动力装置，作为优异的分布式能源，可用于发电、海水淡化、供暖、供工业蒸汽等多种用途，能够满足海岛供能、沿海工业园区供能、远洋补给、海上资源开发等海洋能源需求。

6.1.5 核动力破冰船

由于核动力具有清洁、高效、动力足、装料周期长等特点，将其用于破冰船动力对开辟极地航路、资源和科学考察具有重要意义。俄罗斯是世界上唯一基于先进核能技术研发核动力破冰船队的国家，并以此解决了俄罗斯在北极地区的保障问题。俄罗斯核动力破冰船主营业务包括：对北极航线和俄罗斯联邦冻结港口的船舶提供护航、破冰支援；确保开展高纬度地区研究考察；在北极航线、非极寒冰冻海域开展救援；满足自身和第三方船东的一般和特殊目的的维护和修理需求；参与实施俄罗斯西北地区环境的恢复工作；作为北极岛屿或群岛的旅游邮轮。随着北极经济、战略资源的争夺战日趋激烈，核动力破冰船因其强大的破冰能力和持久的续航力已成为俄罗斯北极战略的重要组成部分，未来核动力破冰船预计将朝着高冰级、大型化、智能化、多功能和高效安全等方面发展。

6. 2 陆基应用

6.2.1 陆基核电源

陆基核电源是指将核反应堆发电产生的电力提供给不同区域用户的陆上核能发电装置（不含核电厂，电功率水平范围为兆瓦至数十/数百兆瓦），为先进高能武器以及偏远/远离电网的前线基地长期稳定地提供大功率电能的能源供应。陆基核电源一般包括固定式和移动式两大类，其中，陆基移动核电源是指可采用汽车、火车、飞机等设施进行运输移动的陆上核能发电装置。陆基移动式核电源因不受燃油供给限制，不依赖于江、河、湖、海等大型水源，可实现机动性、隐蔽性、安全性供电，有效提高我国战略高耗能武器、军事基地的机动性和生命力，为我国战略武器装备提供坚强的后盾。

陆基移动核电源通常有两种运行方式，第一种是将反应堆系统作为整体，放在汽车、火车等运输设施上；第二种方式是反应堆系统的不同组成部分分别装载在不同的运输设施上，在需要使用能源的地域进行现场快速组装，并同时进行发电，为军事设施供电。

6.2.2 核能制氢

氢能是一种来源广泛、清洁无碳、灵活高效、应用场景丰富的二次能源，是推动传统石化能源清洁高效利用和支持可再生能源大规模发展的理想互联媒介，是实现交通运输、工业和建筑等领域大规模深度脱碳的最佳选择。目前工业制氢生产技术有煤制氢、天然气制氢、甲醇制氢、工业副产氢、水电解法等，一些新的方法在研究过程中，但是大规模制氢仍以煤和天然气为主。我国制氢技术如表 6.2 所示。

表 6.2 我国制氢技术成熟度、生产规模和碳排放对比

氢气种类	工艺路线	技术成熟度	生产规模/（标准立方米/小时	碳排放/（kg CO_2/kgH_2）
灰氢	煤制氢	成熟	（1 000～20）×10	19
	天然气制氢	成熟	（200～20）×10	10
蓝氢	煤制氢+CCS	示范论证	1 000～20×10	2
	天然气重整制氢+CCS	示范论证	200～20×10	1
	甲醇裂解制氢	成熟	50～500	8.25
	芳烃重整副产氢	成熟		有

续表

氢气种类	工艺路线	技术成熟度	生产规模/（标准立方米/小时	碳排放/（kg CO_2/kgH_2）
蓝氢	焦炉煤气副产氢	成熟		有
	氯碱副产氢	成熟		有
绿氢	水电解制氢	初步成熟		
	核能制氢	基础研究		
	生物质制氢	基础研究		
	光催化制氢	基础研究		—

核能制氢主要是热化学制氢，利用核反应堆产生的高温，使水温升高至 800～1 000 ℃后，在催化剂的作用下进行热分解，生成氢气和氧气。与电解水制氢相比，核能热化学制氢系统效率较高，可达 50%～60%。同样，由于热化学制氢工作温度较高，故对为热化学制氢过程供热的高温气冷堆设备要求较高。高温/超高温气冷堆因具有固有安全性、高堆芯出口温度、功率适宜等特点被认为是最适合的制氢堆型，且可与除工业副产气制氢以外的其他所有主流制氢工艺耦合，是未来以可再生能源水电解制氢的重要补充。

6.2.3 工业供汽

蒸汽是工业动力之源，尤其在工业加热方面，普通热水达不到大部分工业的温度需求，蒸汽是较好的选择。工业供汽的最大用户是工业企业，工业企业是发电厂最大的热用户，工业生产（包括化工、造纸、制药、纺织、稠油热采、有色金属冶炼等）过程需要以热为基本的能源。目前，除一些大型工业企业由自备热电厂供热外，大部分工业企业由锅炉供热，这导致了能源利用效率较低，造成了能源的浪费。随着国家对生态环保治污力度的不断加大，燃煤锅炉将被逐步地边缘化。在全国各地煤电正被进一步去产能，企业自备燃煤锅炉也在逐步被关停，导致我国工业生产出现了供能空白，急需清洁能源填补。

6.2.4 区域供热

利用核能为区域供热已进行了大量的研究，早在半个世纪前，随着核能和平应用于电力生产，为城市集中供暖的需要，保加利亚、瑞士、罗马尼亚、斯洛伐克、匈牙利等国都曾进行过核供热堆的研究、设计与开发，积累了丰富的经验，如保加利亚科兹洛杜伊核电厂自 1990 年以来就向科兹洛杜伊城供热；匈牙利帕克什核电厂有 4 座 VVER-440 机组向帕克什城供热；斯洛伐克博胡尼斯核电厂既发电，也向特尔纳瓦城供热和工业蒸汽。苏联、加拿大、法国等国对低温供热堆进行了卓有成效的研发，并先后建造了一系列验证和示范堆。在我国，核能供热反应堆研发的历史可追溯至 20 世纪 80 年代，目前国内三大核电集团均推出了自己的核能供热系统。

专用于核能供热的反应堆在实际中应用很少，一般采用热电联产的形式。热电联产不仅大量节能，而且可以改善环境条件，提高居民生活水平。但热电联产把电厂的发电与用户的用热紧密联系，降低了灵活性，同时也增加了电厂的投资。因此，只有对城市规划和集中供热区作统筹安排，在热负荷充分保证的条件下，确定合理的建设方案，才能收到良好的综合效益。

6.2.5 海水淡化

核能海水淡化是一项日趋成熟的技术，不但节能，而且温室气体零排放，是解决水危机最清洁和最高效的方式。核能海水淡化最先在哈萨克斯坦开展，1972 年至 1999 年，位于里海沿岸的哈萨克斯坦第六大城市阿克套的一个核反应堆一天就可生产出 135 MW 的电力和 8 万 m^3 的饮用水。1973 年，苏联在舍甫琴科市建造了 1 座大型多用途的核电站，以缓解哈萨克斯坦的电力、热能及淡水需求。该核电厂采用 BN-350 型快中子增殖反应堆（FBR），并与多效蒸发和多级闪蒸装置相结合用以海水淡化。该核电厂 60%的能量用于海水淡化，淡化水生产能力可达 80～140 kt/d，自投运至退役成功商运长达 26 年。

印度在巴巴原子研究中心利用研究反应堆的废热，于 2004 年建成了产量为 30 t/d 的低温蒸馏海水淡化系统，为反应堆提供补给水。此外，印度在其东南部的卡培坎的马德拉斯原子能核电厂，建成了 1 座与重水堆反应器相匹配的产量为 6 300 t/d 的核能海水淡化示范厂，其中包括 1 套 4 500 t/d 的多级闪蒸 MSF 装置以及 1 套 1 800 t/d 的反渗透 RO 装置，是目前以核电厂低压蒸汽与海水为基础的最大的 MSF-RO 核能海水淡化厂。自 2014 年起，印度开始设计新一代重水慢化反应堆 AHWR，淡化系统包含在反应堆回路，利用反应堆热能生产淡水满足反应堆及其他工艺用水需求。

日本作为具有 80 堆·年的核能淡化经验之国，迄今为止，已有近 10 个核能海水淡化耦合装置，其海水淡化装置主要集中在多效蒸发、多级闪蒸和反渗透。日本的核能海水淡化装置具有规模小、产量低的特点，产水量基本保持在 1 000～3 000 t/d。其生产水仅仅作为锅炉的补充水或就地区域的饮用水源，并非与市政管网相连，实现市政管网的大面积供水。

6.3　空基应用

6.3.1　核热/双模式运载航天器

核热运载器是使用核热推进产生推力的运载工具，核热推进同时具有比冲高、推力大的优势。核热推进利用核反应堆产生的裂变热能对推进剂加热，使之达到高温高压状态后从喷管高速喷出产生推力。

核热推进具有高效能、高速度增量、高比冲、长寿命等特点，因此，使用核热推进的核热运载器可以大幅提高有效载荷比，能够满足未来载人月球探测任务、载人火星探测任务、深空探测任务以及大型军用作战平台和空间装备的执行和部署。

若在核热火箭反应堆中另外专门布置一条回路或者一些热管，将反应堆部分热量导出并转化为电能，则可在提供推进动力的同时提供电力。这种既提供推力又提供电能的核热火箭系统称为双模式核热火箭发动机系统，是一种推进/发电一体的核火箭发动机。双模式核热火箭发动机系统使用核反应堆作为能量来源，发电功率高，结构紧凑，不受位置和距离的限制，在提供推进动力的同时，也是理想的空间电源系统。此外，双模式核热火箭发动机系统的推进/发电工况共用一个核反应堆，与核热火箭简单地相加核电源或太阳能电源系统相比，节省了一套反应堆系统或大面积的太阳能电池板，减小了体积和质量，提高了发电效率。

核热反应堆工作过程中所释放出来的巨大能量是化学推进的能量所不能比拟的，两者差 100 万倍。核热运载器可以实现更快、更大规模、更广阔范围内的空间任务。如图 6.1 所示。

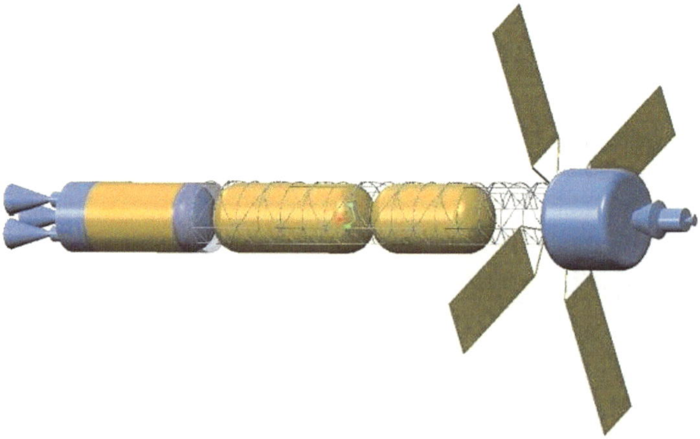

图 6.1　核热运载器系统原理图

核热运载器只需要一种成分的工作介质，而不像化学发动机那样需要两种或两种以上的工作介质。核热运载器相对于化学推进两倍以上的比冲可以使运载能力的成倍提升；或者在相同载荷、推进剂质量的情况下将运输时间缩短一半以上；在执行相同任务时可以极大降低推进剂的加注量。

核热推进/核热发电双模式发动机技术可用于运载火箭上面、大型载人和货物运输地月转移、大型深空探测地球轨道，以及作为火星探测转移飞行器主动力，用于行星资源开发等空间飞行任务，将大大提升和改善运载器的性能和能力，减小推进剂装载量及发射器质量，显著减小任务规模和发射次数。其中间技术成果通过转化，也可用于大气层内核动力巡航，以及空间武器攻防等特殊应用场景。

6.3.2 星表核电站

星表核电站指利用核反应堆为月球或者火星等其他星球表面提供电源的装备。核能源具有能量密度高、输出功率大、环境适应性强、调控性好、不依赖于太阳辐射等特点，能够为月球科研试验站建造与应用提供长寿命持续高功率能源供应。受月夜时间长、极端低温环境等影响，月球科研试验站运营维护、航天员月夜生存、月面科学实验等均面临极大的能源供给挑战，依靠传统的太阳电池阵、锂离子电池组等已难以满足任务需求，亟须先期开展长寿命高功率核电源和高温热电转换关键技术研究，为月表科研站的工程顺利实施奠定能源技术基础。

6.3.3 核能大范围轨道机动航天器

核能大范围轨道机动航天器，是指利用核反应堆提供的大功率能源，可使航天器实现 LEO-GEO、近地轨道-月球轨道、近地轨道-行星际轨道之间进行大范围的轨道机动或者货物运输的航天器。大范围轨道机动航天器是在突破导航控制、动力、结构机构、能源、热控、智能协同等与轨道间转移紧密相关的专业关键技术基础上，以“自主转移”为基本特征，以“模块化、可重组、可扩展”为设计理念，发展形成的用于低轨空间站与高轨服务站之间货物转移的一类专门天基系统，可接受天地往返飞行器补给，实现 LEO-GEO 轨道间的武器载荷、更换模块、补给燃料、整星器船等货物的多次可重复性往返运输任务，为攻防对抗、服务操控、在轨试验等提供支持。如图 6.2 所示。

核电推进型大范围轨道间转移飞行器部署在 LEO-GEO 轨道之间，可将大规模空间设施（部件）、燃料、空间维修组件等从 LEO 运送至 GEO，完成大型空间设施的轨道部署，完成部署后，轨道间重复往返货物运输飞行器可利用自身推进系统返回 LEO 停泊。经过推进剂补给，可继续用于轨道转移运输任务，实现 LEO-GEO-LEO 间的多次往返运输。

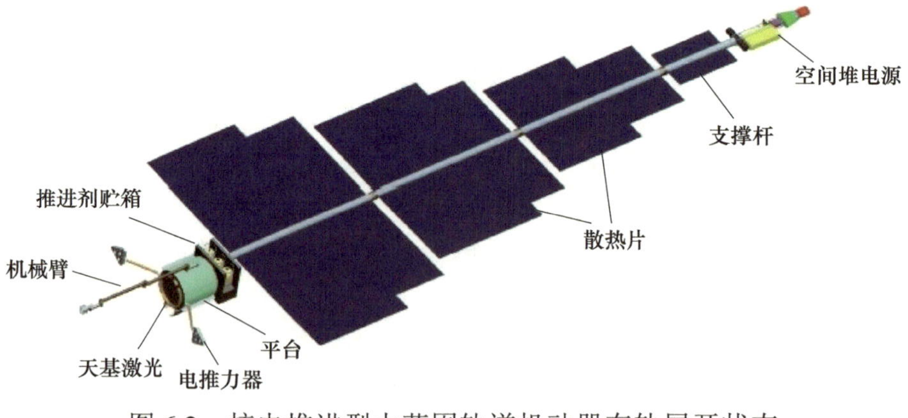

图 6.2　核电推进型大范围轨道机动器在轨展开状态

6.3.4 冰巨星科学探测

太阳系八大行星分为两类，其中水星、金星、火星都和地球类似，拥有岩石构成的固态表面，称为类地行星或内行星；而木星、土星、天王星和海王星体积巨大，主要由 H_2、He 等气体组成，与太阳的组分类似，称为气巨星。在四颗气巨星中，天王星、海王星由于其内部结构中有大量“冰”（由原始行星盘中低折射率物质如 H_2O、CH_4、NH_3 等冷凝而成），而被称为冰巨星。

冰巨星引力势能大，对太阳系形成起到重要作用；星球保留大量太阳系形成初期的气体，包含原恒星云的状态条件和行星形成的位置信息。对遥远、寒冷的冰巨星系统实施环绕、大气进入、穿透等方式的探测，有望在太阳系和行星起源与演化、生命起源等方面实现重大科学发现，是当前国际空间科学研究的前沿热点领域。

冰巨星探测任务由于要面临长时间星际航行而远离太阳，且需要对行星进行长时间就位探测等一系列问题，需要探测器本身具有较强的供电能力。空间太阳辐射强度与距离的平方成比例关系衰减，木星与太阳的距离约为 5.2 AU（地球与太阳平均距离为 1 AU 约 1.5 亿 km），探测器对木星进行探测所接收到太阳辐射强度约为地球的 4%；土星与太阳的距离约为 9.6 AU，探测器对木星进行探测所接收到太阳辐射强度约为地球的 1%；天王星、海王星与太阳的距离已超过 30 AU，附近太阳辐射强度仅为地球的 0.1%。在这种情况下，太阳能电池阵已无法满足木星及以远行星和星际探测的任务需求。核能源因具有能量密度高、寿命长的特点，是解决未来深远空间探测能源问题的有效途径。

冰巨星（天王星和海王星）探测是当前深远空间探测的一个尖端领域，需要解决极暗条件下的供电问题和极远距离下的通信问题，涉及大量新需求、新思路、新设计和新工艺，对航天技术和相关高技术发展具有显著的牵引和带动作用。发射以冰巨星为目标的核动力探测器，将有力展示一个国家深空探测技术水平。冰巨星探测器构型与组成如图 6.3 所示。

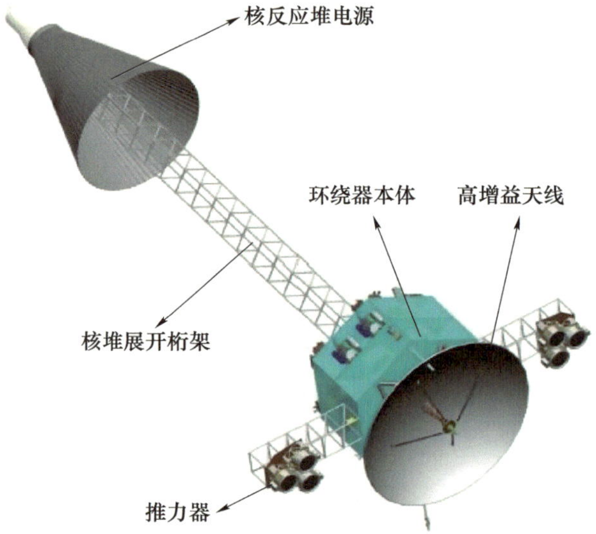

图 6.3　基于核反应堆电源的冰巨星探测器构型与组成

6.3.5　空间大功率军用类装备

基于核动力的航天军用类装备主要分为空间信息获取、空间攻防两个大类。其中空间信息获取装备主要为对地合成孔径雷达成像以及天基雷达，空间攻防装备主要为天基激光、天基微波、粒子束武器。

6.4　天基应用

6.4.1　核动力巡航无人机

临近空间核动力无人机是一种以核电动力驱动螺旋桨推进的高空长航时飞行平台。常规能源动力系统潜力有限，无法满足在临近空间高度上长时间飞行的要求。而核能具有最高的能量密度，采用核能动力系统替代常规动力可极大地提高飞机的续航能力，达到年际续航时间。临近空间核动力无人机飞行高度介于常规航空飞行器和低轨道卫星之间，兼具两者特性，相比现有武器装备，在飞行高度、续航能力、覆盖范围、分辨率、生存力、机动性、效费比等方面都有着极大的优势，是高空长航时无人机极具潜力的发展方向之一，具备抢占临近空间战略制高点的重要价值。

6.4.2　核动力导弹

导弹核动力采用核热推进系统，通过反应堆中核子的裂变或者聚变产生大量热能，将推进剂（空气或氢气等）注入反应堆中，推进剂会受热迅速膨胀，然后从发动机尾部高速喷出，产生推力。对于大气层以内飞行的导弹来说，可以考虑以空气为工质，采用“核反应堆＋涡轮/冲压发动机”的核热推进系统方式作为导弹动力。

6.5　小结

针对不同堆型的技术特性和适用功率范围，借鉴参考美俄微小型反应堆的研发历程，综合应用领域对象技术要求，总结得到微小型反应堆各堆型适用的应用对象（见图 6.4）。

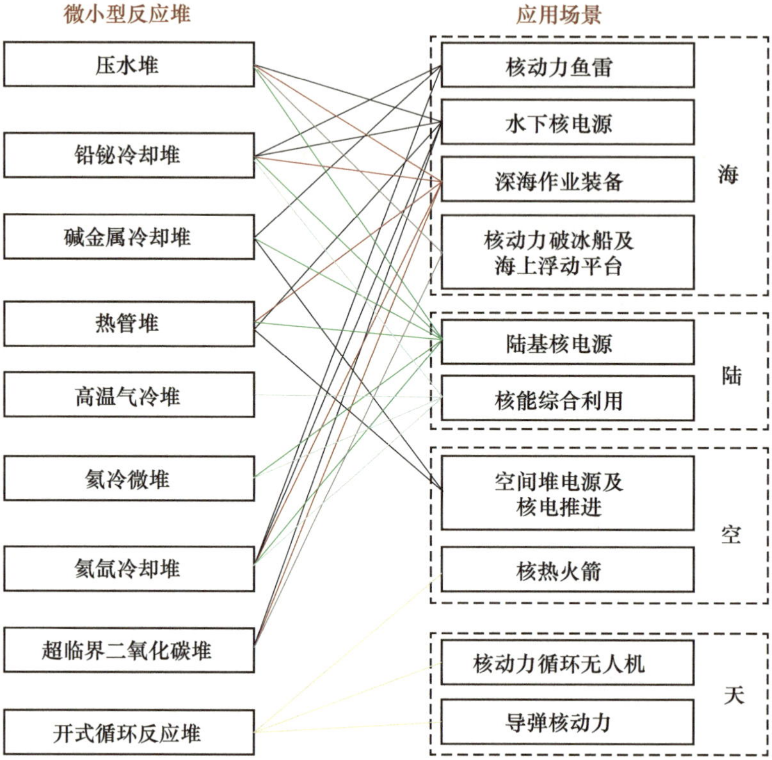

图 6.4　各堆型适用的对象

参考文献

［1］连培生. 北京：原子能工业［M］. 北京：原子能出版社，2002.

［2］张东辉，等. 先进快中子反应堆技术［M］. 上海：上海交通大学出版社，2023.

［3］美国国家科学院，工程院和医学院，等. 载人火星探索中空间核动力推进［M］. 北京：中国宇航出版社，2023.

［4］苏著亭，杨继材，柯国土. 空间核动力［M］. 上海：上海交通大学出版社，2016.

［5］刘继忠，唐玉华，龙杰，等. 空间核动力源应用法规研究及实践［M］. 北京：中国宇航出版社，2022.

［6］科罗捷耶夫. 核火箭发动机［M］. 上海：上海交通大学出版社，2020.

［7］兰宁. 核火箭发动机反应堆［M］. 北京：国防工业出版社，2023.

［8］杨红义. 液态金属冷却快堆技术［M］. 上海：上海交通大学出版社，2023.

［9］美国能源局. 太空中的原子能一段历史［M］. 北京：北京大学出版社，2023.

［10］美国能源局. 太空中的原子能Ⅱ美国空间核电源与推进史［M］. 北京：北京大学出版社，2024.